W0268612

Forschungsberichte

Band 102

Berichte aus dem
Institut für Werkzeugmaschinen
und Betriebswissenschaften
der Technischen Universität
München

Herausgeber:
Prof. Dr.-Ing. G. Reinhart
Prof. Dr.-Ing. J. Milberg

Springer-Verlag Berlin Heidelberg GmbH

Klaus Pischeltsrieder

Steuerung autonomer mobiler Roboter in der Produktion

Mit 74 Abbildungen

Springer

Dr.-Ing. Klaus Pischeltsrieder
Institut für Werkzeugmaschinen und Betriebswissenschaften (iwb), München

Univ.-Prof. Dr.-Ing. G. Reinhart
o. Professor an der Technischen Universität München
Institut für Werkzeugmaschinen und Betriebswissenschaften (iwb), München

Univ.-Prof. Dr.-Ing. J. Milberg
o. Professor an der Technischen Universität München
Institut für Werkzeugmaschinen und Betriebswissenschaften (iwb), München

D91

ISBN 978-3-540-61714-3   ISBN 978-3-662-10055-4 (eBook)
DOI 10.1007/978-3-662-10055-4

Dieses Werk ist urheberrechtlich geschützt. Die dadurch begründeten Rechte, insbesondere die der Übersetzung, des Nachdrucks, des Vortrags, der Entnahme von Abbildungen und Tabellen, der Funksendung, der Mikroverfilmung oder der Vervielfältigung auf anderen Wegen und der Speicherung in Datenverarbeitungsanlagen, bleiben, auch bei nur auszugsweiser Verwendung, vorbehalten. Eine Vervielfältigung dieses Werkes oder von Teilen dieses Werkes ist auch im Einzelfall nur in den Grenzen der gesetzlichen Bestimmungen des Urheberrechtsgesetzes der Bundesrepublik Deutschland vom 9. September 1965 in der jeweils geltenden Fassung zulässig. Sie ist grundsätzlich vergütungspflichtig. Zuwiderhandlungen unterliegen den Strafbestimmungen des Urheberrechtsgesetzes.

© Springer-Verlag Berlin Heidelberg 1996
Ursprünglich erschienen bei Springer-Verlag Berlin Heidelberg New York 1996

Die Wiedergabe von Gebrauchsnamen, Handelsnamen, Warenbezeichnungen usw. in diesem Werk berechtigt auch ohne besondere Kennzeichnung nicht zu der Annahme, daß solche Namen im Sinne der Warenzeichen- und Markenschutz-Gesetzgebung als frei zu betrachten wären und daher von jedermann benutzt werden dürften.

Sollte in diesem Werk direkt oder indirekt auf Gesetze, Vorschriften oder Richtlinien (z.B. DIN, VDI, VDE) Bezug genommen oder aus ihnen zitiert worden sein, so kann der Verlag keine Gewähr für Richtigkeit, Vollständigkeit oder Aktualität übernehmen. Es empfiehlt sich, gegebenenfalls für die eigenen Arbeiten die vollständigen Vorschriften oder Richtlinien in der jeweils gültigen Fassung hinzuzuziehen.

Gesamtherstellung: Hieronymus Buchreproduktions GmbH, München.
SPIN: 10551087   62/3020-543210

Geleitwort der Herausgeber

Die Produktionstechnik ist für die Weiterentwicklung unserer Industriegesellschaft von zentraler Bedeutung. Denn die Leistungsfähigkeit eines Industriebetriebes hängt entscheidend von den eingesetzten Produktionsmitteln, den angewandten Produktionsverfahren und der eingeführten Produktionsorganisation ab. Erst das optimale Zusammenspiel von Mensch, Organisation und Technik erlaubt es, alle Potentiale für den Unternehmenserfolg auszuschöpfen.

Um in dem Spannungsfeld Komplexität, Kosten, Zeit und Qualität bestehen zu können, müssen Produktionsstrukturen ständig neu überdacht und weiterentwickelt werden. Dabei ist es notwendig, die Komplexität von Produkten, Produktionsabläufen und -systemen einerseits zu verringern und andererseits besser zu beherrschen.

Ziel der Forschungsarbeiten des *iwb* ist die ständige Verbesserung von Produktentwicklungs- und Planungssystemen, von Herstellverfahren und Produktionsanlagen. Betriebsorganisation, Produktions- und Arbeitsstrukturen und Systeme zur Auftragsabwicklung im Unternehmen werden unter besonderer Berücksichtigung mitarbeiterorientierter Anforderungen entwickelt. Die dabei notwendige Steigerung des Automatisierungsgrades darf jedoch nicht zu einer Verfestigung arbeitsteiliger Strukturen führen. Fragen der optimalen Einbindung des Menschen in den Produktentstehungsprozeß spielen deshalb eine sehr wichtige Rolle.

Die im Rahmen dieser Buchreihe erscheinenden Bände stammen thematisch aus den Forschungsbereichen des *iwb*. Diese reichen von der Produktentwicklung über die Planung von Produktionssystemen hin zu den Bereichen Fertigung und Montage. Steuerung und Betrieb von Produktionssystemen, Qualitätssicherung, Verfügbarkeit und Autonomie sind Querschnittsthemen hierfür. In den *iwb*-Forschungsberichten werden neue Ergebnisse und Erkenntnisse aus der praxisnahen Forschung des *iwb* veröffentlicht. Diese Buchreihe soll dazu beitragen, den Wissenstransfer zwischen dem Hochschulbereich und dem Anwender in der Praxis zu verbessern.

Joachim Milberg   *Gunther Reinhart*

Vorwort

Die vorliegende Dissertation entstand während meiner Tätigkeit als wissenschaftlicher Mitarbeiter am Institut für Werkzeugmaschinen und Betriebswissenschaften (*iwb*) der Technischen Universität München.

Den Herrn Professoren Dr.-Ing. G. Reinhart und Dr.-Ing. J. Milberg, den Leitern dieses Instituts, gilt mein besonderer Dank für die wohlwollende Förderung und großzügige Unterstützung meiner Arbeit.

Herrn Prof. Dr.-Ing G. Färber, dem Leiter des Lehrstuhls für Prozeßrechner, danke ich für die Übernahme des Korreferates und die aufmerksame Durchsicht der Arbeit.

Allen Mitarbeiterinnen und Mitarbeitern des Instituts sowie allen Studentinnen und Studenten, die mich bei der Erstellung meiner Arbeit unterstützt haben, möchte ich meinen herzlichen Dank aussprechen.

Schließlich gilt mein Dank aber auch meinen Eltern und Freunden, die mich während der Erstellung der Arbeit stets unterstützt und motiviert haben.

München, im März 1996   *Klaus Pischeltsrieder*

Inhaltsverzeichnis

1 Einführung

1.1 Einleitung

Bei der Realisierung von vollständig rechnerintegrierten Produktionsumgebungen nach dem Grundgedanken von CIM („Computer Integrated Manufacturing") (vgl. VDI-CIM 1990) mußten in der Vergangenheit teilweise Rückschläge hingenommen werden. Die dort durchgeführten Terminplanungen sind aufgrund der großen Anzahl technischer und organisatorischer Störungen während der Produktion oft unzulänglich, da die Terminpläne sehr schnell an Aktualität verlieren (ROHDE 1991, S. 134 / RUFFING 1991, S. 76). Die Komplexität der Anlage kann aus diesem Grund oft nur noch durch ein großes Team schnell einsetzbarer Spezialisten zur Entstörung beherrscht werden. Ein wichtiger Auslöser für diese Rückschläge ist die Tendenz zu einer variantenreichen kundenbezogenen Produktion. Dadurch haben immer mehr Stufen der Produktion Auswirkungen auf die Lieferzeit. Neben den Transportzeiten zum Kunden werden damit nach und nach auch die Montage, Vorfertigung und Beschaffung (WIENDAHL & GARLICHS 1994, S. 389), später auch die Arbeitsvorbereitung und Konstruktion zeitkritisch. Die vorhandenen Organisationsstrukturen wurden aber nicht an die hohen Zeitanforderungen, die wachsende Variantenvielfalt und die höheren Qualitätsansprüche angepaßt, weil sie aus heutiger Sicht offensichtlich bereits ausgereizt sind (MILBERG 1994, S. 17F).

Das Problem herkömmlicher Produktionsstrukturen ist vor allem ihre unzureichende Fähigkeit, auf Änderungen der Anforderungen und Randbedingungen schnell und flexibel zu reagieren. Sie sind meist zentralistisch aufgebaut, besitzen somit nur eine zentrale Entscheidungs- und Planungsinstanz. In neueren Ansätzen zur Gestaltung der Produktionsstruktur werden zwar wichtige Zustandsdaten, die für regelnde Eingriffe verwendet werden können, aus der Produktion an das Leitsystem als Entscheidungsinstanz zurückgemeldet (z. B. SIMON 1994, S. 1FF). Aufgrund des großen Datenanfalls wird aber nur ein Bruchteil der lokal verfügbaren Informationen an darüberliegende Entscheidungsebenen zur Auswertung weitergegeben. Gerade in der automatisierten Einzel- und Kleinserienfertigung ist es daher bisher nicht gelungen, mit zentralistisch orientierten Systemen befriedigende Ergebnisse zu erzielen (RUFFING 1991, S. 75F).

Aufgrund dieser Defizite müssen flexiblere Produktionsstrukturen entwickelt werden, die schneller auf wechselnde Anforderungen innerhalb der Produktion reagieren können, um auch bei einer variantenreichen Produktion eine termintreue Auftragsbearbeitung mit kurzer Durchlaufzeit bei hoher Maschinenauslastung zu gewährleisten (siehe Bild 1.1). Eine Möglichkeit zur Verkürzung der Reaktionszeiten ist die Dezentralisierung von Entscheidungskompetenzen. Entscheidungen sollten idealerweise dort getroffen werden, wo die meisten der für den Entscheidungsprozeß benötigten Informationen vorhanden sind. Dezentrale autonome Einheiten helfen, die Komplexität zu mindern und zu beherrschen (REINHART 1994, S. 192). Erste Ansätze hierzu zeigen sich in der lokalen Planung der Bearbeitungsreihenfolge innerhalb von Fertigungsinseln.

Doch die Flexibilität bereitet sowohl bei der Produktionssteuerung als auch beim

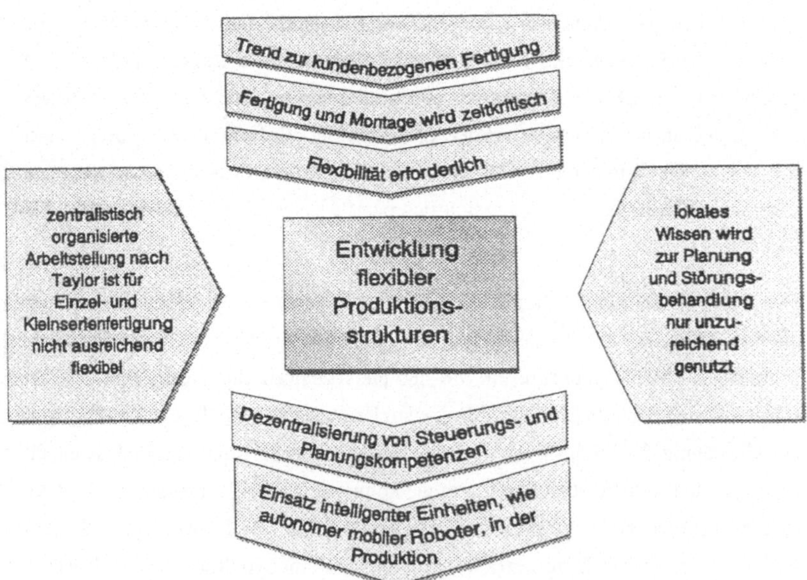

Bild 1.1 :   Gründe zur Flexibilisierung von Produktionsstrukturen

Aufbau der Produktionsanlage zusätzliche Probleme. Gerade bei Handhabungs-aufgaben in einer flexiblen Produktion gibt es ständig variierende Einsatzberei-che, die nur durch eine große Anzahl von stationären Handhabungsgeräten ab-gedeckt werden können. Eine Reduzierung der Anzahl der Handhabungsgeräte ist durch die Verwendung von mobilen Robotern mit variablem Arbeitsraum mög-lich (NABER 1991, S. 1FF). Im Gegensatz zur Definition von KNIERIEMEN (1991, S. 35) ist hier mit einem mobilen Roboter nicht nur ein fahrerloses Transportsy-stem mit erweitertem Einsatzbereich, sondern ein Roboter für Manipulationsauf-gaben auf einer Lokomotionsplattform gemeint.

In einer Marktstudie zeigt PIEPEL (1989, S. 37FF), daß Werkzeugmaschinenbedie-nung, -verkettung und Kommissionierung die dominanten Einsatzschwerpunkte mobiler Roboter sind. Darüber hinaus ermöglichen sie auch eine flexible Auto-matisierung vollkommen neuer Einsatzbereiche, für die stationäre Roboter nicht geeignet sind. Beispiele hierfür sind die Baustellenfertigung zur Bearbeitung und Montage von sehr großen Werkstücken oder die ortsvariable Übernahme von Meßaufgaben mit mobiler Spezialsensorik zur kurzfristigen Analyse und Behe-bung von Störungssituationen in der Produktion (NABER 1991, S. 117).

In einer groben Abschätzung verglich PIEPEL (1989, S.103) die Kapitalbindung durch mobile bzw. stationäre Roboter mit den Arbeitskosten von Werkern bei der Maschinenbedienung einer Produktionsanlage. Demnach arbeiten mobile Roboter in diesem Bereich bereits nach 1,66 Jahren rentabler als Werker, und nach 2,22 Jahren auch rentabler als eine Gruppe stationärer Roboter. Der Einsatz mobiler Roboter ist demnach auch betriebswirtschaftlich sinnvoll.

Ein großes Hemmnis beim flexiblen Einsatz mobiler Roboter ist derzeit der Auf-wand zur manuellen Generierung von Befehlssequenzen für die Sensor- und Ak-toransteuerung. Da diese Befehlssequenzen sehr stark von ihrer Umgebung ab-hängig sind, müssen sie an jedem neuen Arbeitsort für jede neue Aufgabe neu generiert werden. Auch bei Änderungen in der Umgebung ist eine Neuerstellung erforderlich. Voraussetzung zum flexiblen Einsatz mobiler Roboter in der Pro-duktion ist damit deren selbständige Adaption an ihre Umgebung durch die intel-ligente Nutzung von Sensordaten. Deshalb muß eine intelligente Steuerung für die selbständige Bestimmung und Ausführung der für die Bearbeitung von Aufträgen notwendigen Befehlssequenzen entwickelt werden.

Weiter bereitet die Einbindung mobiler Roboter in das Produktionsumfeld Schwierigkeiten, da sie aufgrund ihrer Mobilität mit vielen verschiedenen stationären und auch mobilen Einheiten in der Produktionsumgebung zusammenarbeiten müssen. Um eine koordinierte Zusammenarbeit mehrerer selbständig arbeitender Einheiten bei der Auftragsbearbeitung zu gewährleisten, ist deshalb die Integration von Kooperations- und lokalen Planungsfähigkeiten in die intelligente Steuerung eine wichtige Voraussetzung. Bei mobilen Einheiten ist ferner mit dem unvorhergesehenen räumlichen Zusammentreffen mehrerer Einheiten zu rechnen. Mögliche Konfliktsituationen müssen in diesem Fall durch geeignete Steuerungsmechanismen behoben werden.

Mobile Roboter nehmen als Teil des Materialflusses in den meisten Produktionssteuerungskonzepten eine Sonderstellung ein. Aufgrund ihrer Mobilität und der Flexibilität ihrer Aktoren und Sensoren können sie Entscheidungsspielräume bei der selbständigen Ausführung von Aufträgen außergewöhnlich gut ausnutzen. Sie eignen sich deshalb besonders gut für die realistische Verifikation von Konzepten zur Steuerung selbständig entscheidender Produktionseinheiten in der realen Anlage. Die dabei gewonnenen Erkenntnisse können mit geringen Änderungen auch bei der Steuerung anderer autonomer Einheiten angewandt werden.

1.2   Zielsetzung dieser Arbeit

Das Ziel dieser Arbeit ist die Konzeption der Informationsverarbeitung innerhalb der Steuerung autonomer mobiler Roboter zum Einsatz in einer teil- oder vollautomatisierten Produktionsumgebung. Um dieses Ziel genauer spezifizieren zu können, muß zunächst festgelegt werden, wie selbständig mobile Roboter innerhalb eines Produktionssystems überhaupt sein sollen.

DUNGERN (1991, S. 10) unterscheidet drei Stufen der Autonomie. Eine autonome Einheit der ersten Stufe eignet sich zum unbeaufsichtigten Betrieb in einer veränderlichen Umgebung. Die Fähigkeiten von Einheiten der Stufe zwei gehen darüber hinaus. Sie müssen sich an typische Umgebungsbedingungen anpassen können und auch auf unerwartete, aber grundsätzlich bekannte Ereignisse reagieren. Diese Einschränkung auf bekannte Ereignisse entfällt bei Einheiten der dritten und höchsten Autonomiestufe. Sie müssen auch auf bislang unbekannte Ereignisse adäquat reagieren können. Die dritte Stufe ist aber aus sicherheitstechnischer Sicht gesehen ziemlich riskant, da das Verhalten des Systems in Ausnahmesituationen nicht einschätzbar ist. Solche Risiken können aber in einer Umgebung, in der unter Umständen auch Menschen mit einer autonomen Einheit zusammenarbeiten, nicht hingenommen werden. Darüber hinaus stellt ein von der dritten Autonomiestufe gefordertes vollkommen autonomes System, das überhaupt nicht von externer Hilfe abhängig ist, ein utopisches Ziel dar, das im Rahmen einer CIM-Umgebung schon allein aus Kostengründen nicht einmal wünschenswert ist (STEIGER-GARCAO & CAMARINHA-MATOS 1989, S. 792). Wie die Erfahrungen in einer vollautomatischen Produktion zeigen, kann auch nur der Mensch komplizierte Störungen mit vernünftigem Aufwand beheben. Zukünftige Produktionssysteme sollen den Menschen deshalb nicht verdrängen, sondern sie müssen es ihm erlauben, seine Fähigkeiten effektiver als bisher einzubringen (REINHART & KOCH 1995, S. 7). Aus diesen Gründen sollen mobile Roboter gemäß den Anforderungen der zweiten Autonomiestufe zwar auf unerwartete, nicht aber auf grundsätzlich unbekannte Ereignisse reagieren. Im Zweifelsfall sollen sie aus Sicherheitsgründen ihre Arbeit unterbrechen und einen Menschen in die Störungsbehandlung einbeziehen.

Die Steuerung für autonome mobile Roboter, die ein selbständiges Arbeiten ermöglichen soll, wird im folgenden als *Führungsrechner* bezeichnet. Der Führungsrechner muß sowohl von der Hardware-Aktorsteuerung des Roboters als auch von der Sensordatenverarbeitung streng abgegrenzt gesehen werden. Er soll diese Komponenten „führen", d.h. ihren Einsatz situationsgerecht koordinieren.

Um solch einen allgemein einsetzbaren Führungsrechner konzipieren zu können, sollen zunächst die Anforderungen der verschiedenen Produktionsstrukturen an die Robotersteuerung untersucht werden. Es muß geklärt werden, welche Fähigkeiten autonome mobile Roboter haben müssen, um in einer vorgegebenen Produktionsstruktur arbeiten zu können und welche Interaktionen mit ihrer Umgebung für eine sinnvolle Aufgabendurchführung notwendig sind. Darauf aufbauend soll eine parametrierbare Steuerungsstruktur entwickelt werden, die mit geringem Aufwand auch an andere autonome Einheiten bzw. an neue Produktionsstrukturen angepaßt werden kann.

1.3 Vorgehensweise

In Bild 1.2 ist das Vorgehen im Rahmen dieser Arbeit skizziert, um einen Führungsrechner für autonome mobile Roboter zu konzipieren. Die Kapitel 3 bis 5 bauen jeweils auf den vorhergehenden Kapiteln auf. Die Kapitel 6 und 7 hingegen betrachten unabhängig voneinander zwei verschiedene Teile des Führungsrechners und können in beliebiger Reihenfolge gelesen werden.

Bild 1.2 :   Vorgehen im Rahmen dieser Arbeit

Das Spektrum möglicher Produktionsstrukturen, in denen autonome mobile Roboter sinnvoll eingesetzt werden können, wird in Kapitel 2 beschrieben. Darauf aufbauend wird untersucht, welche Unterschiede sich abhängig von der Produktionsstruktur für die Steuerung autonomer mobiler Roboter ergeben.

Kapitel 3 gibt einen Überblick über den Stand der Forschung bei den Steuerungsarchitekturen autonomer mobiler Roboter.

In Kapitel 4 wird zunächst die grobe hierarchische Strukturierung des Führungsrechners von autonomen mobilen Robotern in mehreren Ebenen dargestellt. Sodann werden die Aufgaben der einzelnen Ebenen beschrieben. Ferner werden Anforderungen zur erfolgreichen Integration der einzelnen Ebenen in das Gesamtkonzept aufgestellt.

Kapitel 5 gibt aufbauend auf der in Kapitel 4 beschriebenen hierarchischen Strukturierung einen Überblick über das gesamte Konzept des Führungsrechners. Hierfür werden die Schnittstellen der notwendigen Module des Führungsrechners sowie deren Funktionen erläutert.

In Kapitel 6 werden die einzelnen Module zur Realisierung der Kommunikations- und Planungsfunktionalität vorgestellt, die für die Integration mobiler Roboter in eine Umgebung notwendig sind, in der Aufgaben verhandlungsgestützt auf mehrere autonome Einheiten verteilt werden. Hierfür werden neben dem Modul zur Verhandlung auch die Module zur lokalen Einplanung von Aufgaben innerhalb des Führungsrechners beschrieben.

Kapitel 7 untersucht die Steuerungsfunktionalität des Führungsrechners. Beschrieben wird dabei eine zweigeteilte Steuerungsstruktur, bestehend aus einem regelbasierten System und einem Petri-Netz-basierten Netzinterpreter.

Ein Beispiel für die Anwendung des Konzepts findet sich in Kapitel 8. Hier wird die Realisierung der Führungsrechnersoftware *PetRIS* im mobilen Roboter MOBROB beschrieben.

Kapitel 9 gibt eine Zusammenfassung der Ergebnisse dieser Arbeit. Im anschließenden Ausblick werden die Schritte betrachtet, die auf dem Weg zu einer leistungsfähigen autonomen Produktionsumgebung noch durchgeführt werden müssen.

2 Bestehendes Spektrum automatisierter Produktionsstrukturen beim Einsatz mobiler Roboter

2.1 Übersicht

Die Anforderungen an die Steuerung selbständig arbeitender mobiler Roboter sind in wichtigen Bereichen, z. B. bei der lokalen Aufgabenplanung, von der Art der Produktionssteuerung abhängig. Zur Eingrenzung des Problembereichs wird zuerst gezeigt, daß die Einzel- und Kleinserienfertigung die Produktionsform ist, innerhalb derer die Anwendung mobiler Roboter die größten Vorteile verspricht.

Anhand mehrerer beispielhafter Produktionsszenarien wird anschließend gezeigt, wie Aufträge bei verschiedenen Arten der Produktionssteuerung eingeplant und ausgeführt werden. Der Vergleich der beschriebenen Produktionsstrukturen soll zum einen veranschaulichen, welche Gründe die Entwicklung von Produktionsstrukturen, die aus selbständig arbeitenden autonomen Einheiten bestehen, rechtfertigen. Zum anderen sollen aus den Produktionsszenarien die Anforderungen der Produktionsumgebung an den Führungsrechner eines mobilen Roboters, insbesondere an seine lokalen Planungsfähigkeiten, abgeleitet werden, um seine universelle Einsetzbarkeit in verschiedenen Produktionsstrukturen zu gewährleisten.

2.2 Charakterisierung des typischen Anwendungsbereichs für autonome mobile Roboter

Ein mengenmäßiger Vergleich der Einzel- und Kleinserienfertigung mit der Serien- und Massenfertigung zeigt mehrere für den Einsatz flexibler Handhabungsgeräte wichtige Unterschiede auf. Die Einzel- und Kleinserienfertigung arbeitet mit kleinen Losgrößen (zw. 1 und 50 Stück im Vergleich zu durchschnittlich über

200) und mit einer geringen Wiederholhäufigkeit (mehr als 200 Fertigungsum-
stellungen pro Jahr verglichen mit 5) (KATH 1994, S. 5 / EVERSHEIM 1981, S.
13F). Dadurch wird aufgrund der fehlenden Erfahrungswerte eine exakte Arbeitsplanung unmöglich. Rund 80 Prozent der Zeit bei der Einzel- und Kleinserienfertigung, verglichen mit 25 Prozent bei der Massenfertigung, wird für Tätigkeiten
aufgewendet, die nicht unbedingt zum Arbeitsfortschritt beitragen. Dies senkt die
leistungsmäßige Maschinenauslastung bis auf unter 10 Prozent (EVERSHEIM
1981, S. 13F).

Die Optimierung und Beschleunigung des Bearbeitungsprozesses kann also weniger durch eine Leistungssteigerung bei den vorhandenen Maschinen und Einrich-
tungen, sondern vielmehr durch die Verkürzung unproduktiver Zeitanteile, wie
Neben- und Rüstzeiten erreicht werden (EVERSHEIM 1981, S. 14). Mobile Roboter können nicht nur helfen, die in der Einzel- und Kleinserienfertigung sehr häu-
figen Transporte von Werkstücken flexibel durchzuführen, sondern sie können
auch ihre Flexibilität bei Handhabungsaufgaben zur Maschinenbeschickung oder
zum Wechseln von Werkzeugen nutzen. Somit kann die Flexibilität selbständig
arbeitender mobiler Roboter bei der Einzel- und Kleinserienfertigung im Gegensatz zur Serien- und Massenfertigung mit ihren fest vorgegebenen Materialfluß-
wegen sinnvoll eingesetzt werden.

2.3   Zentral gesteuerte Produktionsstrukturen

Die Flexibilität einer Produktionsanlage zum Reagieren auf Änderungen hängt
nicht nur von der Flexibilität der einzelnen Komponenten ab. Vielmehr muß eine
geeignete informationstechnische Struktur die Auftragsverteilung und bilaterale
Zusammenarbeit mehrerer Produktionseinheiten geeignet unterstützen. Die Informationsverarbeitung in heutigen Produktionsstrukturen wird meist in mehrere
hierarchisch angeordnete Ebenen unterteilt. Ein Beispiel einer solchen hierarchischen Strukturierung ist das ISO-Referenzmodell für die Informationsverarbeitung im Produktionsbereich (ISO IC 184/SC5/WG1, 1986) mit seiner Aufteilung
in Planungs-, Leit-, Zellen-, Steuerungs- sowie Aktor-/Sensorebene (siehe Bild
2.1).

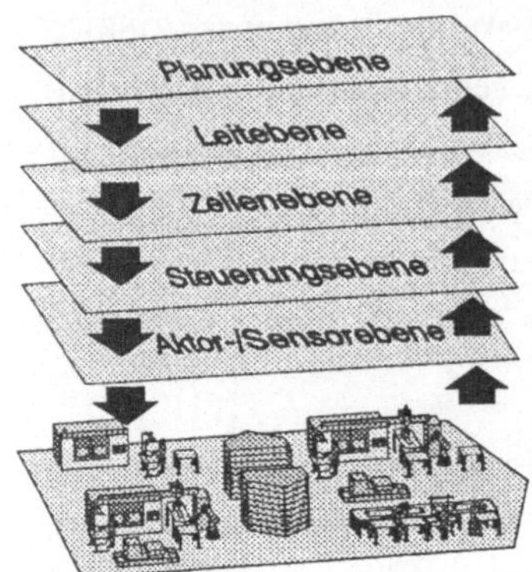

Bild 2.1 : ISO-Referenzmodell für den hierarchischen Aufbau der Informationsverarbeitung in der Produktion (ISO IC 184/SC5/WG1, 1986)

Aufträge werden durch die informationstechnischen Ebenen von oben nach unten weitergeleitet. In jeder Ebene erfolgt eine Aufspaltung in Teilaufträge. Die Folge einer solchen Strukturierung ist eine sehr stark ausgeprägte Arbeitsteilung in der Produktion.

Im folgenden wird ein typisches Beispiel einer nach dem ISO-Referenzmodell strukturierten Planungs- und Steuerungshierarchie kurz vorgestellt:

Die Planungsebene besteht aus einem PPS-System (Produktionsplanungs- und Steuerungs-System). Dort werden sowohl dispositive Aufgaben zur Bestimmung eines Absatz- bzw. Produktionsprogramms als auch eine Grobplanung für die Produktion durchgeführt (GLASER 1991, S. 21FF). Die Planungsfrequenzen liegen hier aufgrund des hohen Planungsaufwands durch die große Anzahl zu koordinierender Vorgänge nur bei ein bis zwei Neuentwürfen pro Woche.

In der Leitebene setzen Leitstände bzw. Leitsysteme die vom PPS-System eingelasteten Aufträge in einem abgegrenzten Produktionsbereich durch (KATH 1994, S. 15). Hierfür wird die Bearbeitungsreihenfolge für die Arbeitsvorgänge in der Leitebene zentral geplant. Teilweise werden für die Planung der Bearbeitungsreihenfolge einzelne aus der Produktion rückgeführte Daten genutzt (z. B. bei SIMON 1994), so daß hier von Produktionsregelung gesprochen werden kann.

Einzelne Arbeitsvorgänge werden auf der Zellenebene von einem sog. Zellenrechner (siehe z. B. GROHA 1988) bearbeitet. Jede Bearbeitungszelle, bestehend aus der Maschinen-Steuerung als Zellenkern, den Meß- und Prüfeinrichtungen sowie zelleneigenen Handhabungssystemen mit zelleneigenen Materialpuffern, wird von einem eigenen Zellenrechner koordiniert (GROHA 1988, S. 24).

Die Steuerungs- sowie die Aktor-/Sensorebene beschreiben den Aufbau der einzelnen Maschinen. Sie können bei der Betrachtung von Produktionsstrukturen unberücksichtigt bleiben.

Bewertung zentral gesteuerter Produktionsstrukturen

Die Planung erfolgt in der beschriebenen informationstechnischen Hierarchie fast ausschließlich zentral durch die übergeordneten Planungskomponenten. Wegen auftretender Störungen, z. B. aufgrund von Maschinenausfällen oder Ausfallzeiten des Personals, sind die im Rahmen der Feinterminierung erzeugten Terminpläne aber unzulänglich und veraltern sehr schnell (ROHDE 1991, S. 134). Tritt eine Störung auf, so erfolgt die auftragsbezogene organisatorische Störungsbehandlung zentral durch Um- und Neuplanungen der übergeordneten Planungskomponente. Die lokale Behebung der eigentlichen technischen Störung wird unabhängig davon durchgeführt. Die dabei anfallenden lokalen Störungsdaten haben einen niedrigen Abstraktionsgrad. Die Datendarstellung ist von der Implementierung der Einheit abhängig, so daß die Datendarstellungen mehrerer Einheiten meist nicht kompatibel sind. Diese Gründe führen zusammen mit der großen Datenmenge dazu, daß lokale Störungsdaten nur teilweise oder gar nicht an die zentrale Instanz weitergegeben werden. Eine zentrale Störungsbehandlung verfügt somit nicht über das gesamte benötigte lokale Wissen und kann damit nur suboptimale Vorschläge zur Störungsbeseitigung liefern. Durch die Zentralisierung von Planungs- und Umplanungsaufgaben kann es darüber hinaus zu kapazitiven Engpässen bei der Planung kommen, weil aufgrund vieler Störungen eine häufige Umplanung notwendig ist. Vollkommen zentrale Produktionssteuerungen stoßen wegen der aus diesen Gründen folgenden mangelhaften Durchführbarkeit der zentral geplanten Auftragsbearbeitungsreihenfolgen mittlerweile auf breite Ablehnung (GLASER 1991, S. 21). Seit geraumer Zeit wird deshalb die Forderung nach einer dezentralen, auf Produktionsbereichsebene durchzuführenden Produktionssteuerung erhoben.

2.4 Dezentral gesteuerte Produktionsstrukturen

In der Einzel- und Kleinserienmontage sind durchschnittlich 25 Prozent aller Vorgänge gestört, 22 Prozent werden verspätet beendet. Man kann deshalb von einem probabilistischen, d. h. vom Zufall gesteuerten Verhalten sprechen (LEHMANN 1992, S. 8). In fertigungsfremden Bereichen basieren die einzigen mehr oder weniger erfolgreichen Versuche, ein Steuerungsproblem für sehr große komplexe Systeme, wie z. B. die Flugverkehrskontrolle, zu lösen, auf dem Konzept der verteilten autonomen Agenten. Die Problemlösung erfolgt dabei kooperativ mit gegenseitiger Nutzung lokaler Informationen, um der Gruppe als Ganzem eine Lösungsfindung zu ermöglichen (BRUSSEL 1995, S. 48).

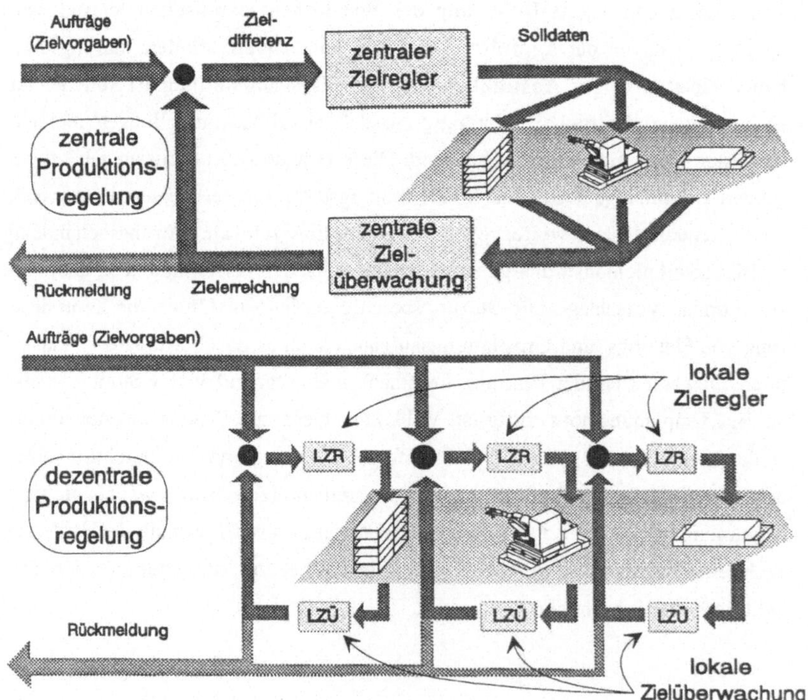

Bild 2.2 :   Vergleich von zentraler mit dezentraler Produktionsregelung

Ein vollkommen dezentral gesteuertes Produktionssystem wird in abgeschlossene Einheiten unterteilt, die jeweils mit Intelligenz zur lokalen Planung sowie zur Aufgabenausführung ausgestattet werden. Es gibt keine zentrale Produktionsregelung mehr. Die Produktionsregelung wird verteilt in Regelkreisen innerhalb der intelligenten Einheiten durchgeführt (siehe Bild 2.2). GAUSEMEIER (1994, S. 50) vergleicht die Entwicklung von Produktionsstrukturen mit der Entwicklung der Zellen von Einzellern nicht hin zu immer größeren Einzellern, sondern zu Mehrzellern, die durch ein Nervensystem miteinander verbunden sind.

Um Denkanstöße zur praktischen Realisierung dieses Prinzips zu liefern, sollen zunächst mehrere Ansätze zur dezentralen Produktionssteuerung vorgestellt werden.

Bionic Manufacturing System (BMS)

Beim *Bionic Manufacturing System* wird versucht, die künstliche Umgebung einer Produktion mit lebenden Strukturen zu vergleichen und die daraus folgende Organisationsform zu übernehmen (sog. *künstliches Leben*). Die Entwicklung und Produktionsplanung eines neuen Produkts wird nicht zentral geregelt, sondern vom Produkt selber durchgeführt. Das Produkt wählt die Bearbeitungseinheiten für die eigene Bearbeitung und handelt mit ihnen den lokalen Produktionsplan aus (OKINO 1993, S. 81).

Bei der Zusammenarbeit mehrerer mobiler Roboter ist das selbstorganisierende Verhalten, das im Bereich des *künstlichen Lebens* vorgeschlagen wird, effektiv für einfache Organisationsaufgaben einsetzbar, nicht aber für komplexe und aufgabenorientierte Organisationen (ASAM U. A. 1994, S. 816).

Wettbewerbsorientierte Auftragsvergabe

Im Gegensatz zum vorigen Ansatz wird beim Ansatz der wettbewerbsorientierten Auftragsvergabe eine Aufgabenbearbeitung komplett durchgeplant, bevor die Bearbeitung begonnen wird. Die Auftragsvergabe richtet sich nach dem Vorbild der Marktwirtschaft. Aufträge werden in Verhandlungen weitergegeben. Lokal nicht durchführbare Teilaufgaben werden wieder in Verhandlungen an andere Einheiten weitergegeben. Die Vergabe von Aufgaben erfolgt ähnlich dem KANBAN-Verfahren (WILDEMANN 1984 / GLASER 1991, S. 32) nach dem Ziehprinzip. Die Gesamtaufgabe wird somit bei der letzten Station der Auftragsbearbeitung, also im Normalfall der Montage, eingelastet (siehe Bild 2.3). Von dort werden schrittweise Teilaufgaben an Einheiten weitergegeben, die die für den jeweiligen Produktionsschritt benötigten Rohteile oder Halbzeuge liefern können. Dies setzt sich bis zur Anforderung der Rohteile von der Lagerverwaltung fort (KOCH 1996, S. 51FF).

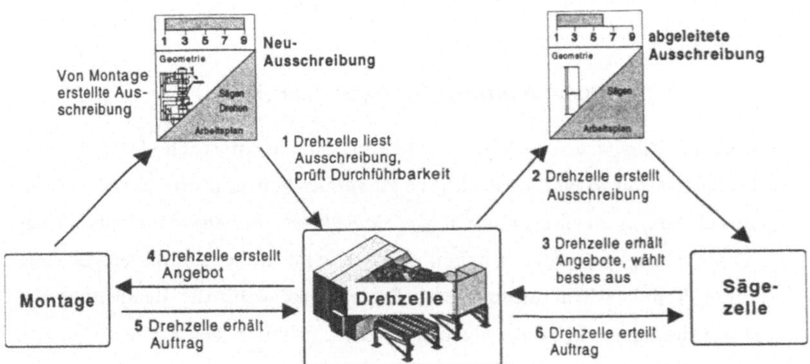

Bild 2.3 :   Beispiel der wettbewerbsorientierten Auftragsvergabe (KOCH 1996. S. 52)

Das Hauptproblem des Ziehverfahrens ist, daß die ersten Produktionsschritte eines Auftrags zuletzt eingeplant werden. Es muß deshalb vor Beginn der Aufgabenbearbeitung eine vollständige Aufgabenplanung durchgeführt werden. Umplanung sowie Reihenfolgeoptimierungen werden damit aber sehr komplex und zeitaufwendig, da im Normalfall ein kompletter Planungsdurchlauf durch alle Stationen einer Auftragsbearbeitung erfolgen muß.

Dezentrale automatisierte Produktionssteuerung nach dem Schiebeverfahren

Beim Schiebeverfahren ist im Gegensatz zum obigen Ziehverfahren auch eine nur teilweise Einplanung von Aufträgen möglich. Eine Auftragsbearbeitung kann beginnen, sobald der erste Teilschritt eingeplant ist. Die Teilaufträge werden bei diesem Planungsverfahren in der Reihenfolge eingeplant, die vom Produktionsplan vorgegeben ist (siehe Bild 2.4). Beim Ansatz von HAHNDEL & LEVI (1994B, S. 250FF) werden Aufträge bei einem „PPS-Agenten" eingelastet. Dieser sucht in Verhandlungen einen Agenten, der den ersten Teilschritt des Produktionsplans durchführen kann. Der Agent, der die Bearbeitung eines Teilschritts übernommen hat, muß die Einplanung des darauffolgenden Teilschritts koordinieren. Dieser Vorgang wiederholt sich, bis eine festgelegte Anzahl von Teilschritten des Produktionsplans eingeplant ist.

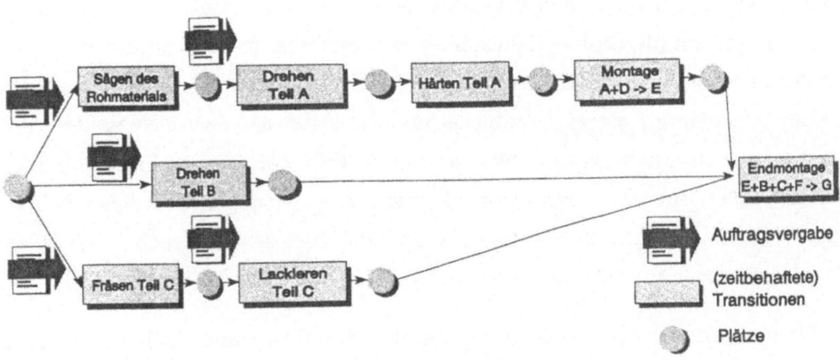

Bild 2.4 :   *Beispiel der Auftragsweitergabe bei der Organisation nach dem Schiebeverfahren*

Die Planung erfolgt zur Optimierung des Planungsergebnisses in mehreren Durchläufen, den sogenannten Planungswellen. Deren Ergebnisse werden jeweils von dem Agenten verglichen, der die Planungen initiiert hatte. So können laufend die Grundlagen vorhergehender Entscheidungen geprüft werden, um sie im Hinblick auf den lokalen Zeitplan jedes Agenten zu optimieren (HAHNDEL & LEVI 1994B, S. 254).

Bei Verzweigungen in den Produktionsplänen mit anschließender Zusammenführung, wie sie beispielsweise bei der parallelen Fertigung von Teilen mit anschließender Montage auftreten, muß der letzte Agent vor der Verzweigung die Rolle eines „Synchronisationsagenten" übernehmen (in Bild 2.4 ist das der PPS-Agent). Er muß dafür sorgen, daß die einzelnen Teile bei einem Agenten gesammelt und weiterverarbeitet werden (HAHNDEL & LEVI 1994B, S. 252). Diese eingeführten Synchronisationsagenten sind ein Beispiel dafür, daß zentrales Wissen an einigen Stellen nur sehr umständlich durch dezentrales Wissen ersetzt werden kann.

Bewertung dezentral gesteuerter Produktionsstrukturen

Anhand der gezeigten Beispiele dezentraler Produktionssteuerungen sind einige ihrer Vorteile verdeutlicht worden. Jede autonome Einheit kann zum einen ihr lokales Wissen für eine optimierte Aufgabenplanung und zum anderen für eine selbständige flexible Störungsbehandlung mit anderen autonomen Einheiten zusammen nutzen. Da sich die autonomen Einheiten selbständig und situationsangepaßt organisieren, ist eine problemlose Reduktion und Erweiterung des Gesamtsystems möglich (HUHN 1991, S. 22), sofern überflüssige Einheiten problemlos außer Betrieb gesetzt werden können bzw. benötigte Einheiten zur Verfügung stehen. Bei Maschinen stellt das kein Problem dar. Lediglich das Bedienpersonal kann nicht so flexibel eingesetzt werden.

Vollkommen dezentrale Produktionssteuerungen haben jedoch mehrere typische Schwächen. Wegen der nur sehr eingeschränkt zur Verfügung stehenden globalen Informationen können globale Zielgrößen nur sehr begrenzt bei den lokalen Entscheidungen berücksichtigt werden. Die Zusammensetzung mehrerer lokal gesehen optimaler, aber global gesehen suboptimaler Entscheidungen hat deshalb nicht ein globales Planungsoptimum zur Folge. Darüber hinaus fehlt ein zentraler Überblick über die Planung. Bei zeitlichen Engpässen einzelner Einheiten werden mögliche Alternativlösungen meist relativ undeterminiert ausprobiert, so daß eine große Anzahl von Iterationen bei den Verhandlungen zwischen den einzelnen Einheiten benötigt wird.

2.5 Dezentral gesteuerte Produktionsstrukturen mit zentraler koordinierender Instanz

Die strukturspezifischen Nachteile sowohl von vollkommen zentral als auch von vollkommen dezentral gesteuerten Produktionsstrukturen können durch die Kombination von zentralen und dezentralen Ansätzen vermindert, teilweise sogar beseitigt werden. Dabei wird eine zentrale Koordinierungsinstanz als zentraler Anteil eines Produktionssystems mit selbständig arbeitenden autonomen Einheiten integriert. Die Koordinierungsinstanz überwacht festgelegte Zielgrößen wie Auslastung oder Termintreue. Sie kann den autonomen Einheiten für ihre lokalen Entscheidungen das notwendige globale Wissen zur Verfügung stellen und bei Konflikten zwischen autonomen Einheiten vermittelnd eingreifen. Die Störungsbehandlung wird in erster Linie dezentral von den Störungsverursachern durchgeführt. Störungsmeldungen werden nur an die zentrale koordinierende Instanz weitergegeben, wenn die Störungsbeseitigung aus der Sicht der gestörten Einheit nicht möglich ist oder wenn eine Störung Auswirkungen auf andere Einheiten hat. Die zentrale Koordinierungsinstanz wird auf diese Weise entlastet, damit sie nicht aufgrund ihrer zentralen Stellung zu einem kapazititven Engpaß wird. Ziel dieser Strukturierung ist es, gemäß dem Prinzip der Nutzung maximaler Kompetenz, das Gesamtsystem in möglichst selbständig arbeitende Einheiten aufzuteilen, so daß der Koordinierungsaufwand minimiert wird.

Zur Verdeutlichung dieser Grundidee sollen im folgenden kurz mehrere Ansätze zur dezentralen Produktionssteuerung mit einer koordinierenden Instanz beschrieben werden:

Random Manufacturing System (RMS)

Beim Random Manufacturing System ist die zu optimierende Zielgröße in erster Linie Flexibilität und Reaktionsschnelligkeit (IWATA U. A. 1994, S. 379FF). Jede Maschine verfügt über einen eigenen „Manager", der die lokale Planung und Entscheidungsfindung durchführt sowie mit anderen Managern kommuniziert. Die Aufgabenverteilung wird von einem „Task-Master" koordiniert. Er nimmt die

Aufträge der Kunden entgegen und gibt sie über eine Auktionstafel bekannt. Will ein Manager eine Aufgabe annehmen, so organisiert er mit anderen Managern eine Aufgabenbearbeitungsgruppe und macht dem zentralen Task-Master ein Angebot. Der Task-Master wählt das beste Angebot aus (IWATA U. A. 1994 S. 380).

Dieser Ansatz nutzt den zentralen Überblick des Task-Masters über die gesamte Produktion nur unzureichend zur gezielten Optimierung der Einplanung langer und komplexer Aufträge aus. Schwachstellen des Fertigungsplans, wie sie beispielsweise aufgrund unzureichender Berücksichtigung von Engpaßmaschinen auftreten, werden auf diese Weise nicht erkannt.

Regelbasiertes Multiagentensystem (MAGSY)

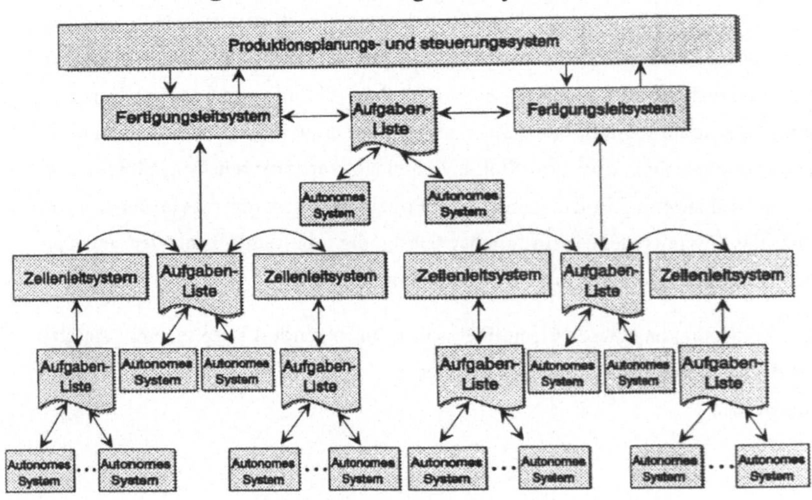

Bild 2.5 :   Übersicht über die Fertigungssteuerung mit dem regelbasierten Multiagentensystem MAGSY (FISCHER 1993, S. 57F)

Im Gegensatz zum Random Manufacturing System werden die autonom agierenden Maschinen beim regelbasierten Multiagentensystem MAGSY (siehe Bild 2.5) hierarchisch organisiert. Die gerade auszuführenden Aufgaben werden von der jeweils übergeordneten Ebene in Aufgabenlisten eingetragen, aus denen die Systeme der untergeordneten Ebene im Rahmen der Terminvorgaben ihre Aufgaben frei auswählen können (FISCHER 1993, S. 59). Es wird aber nur eine rein reaktive Planung durchgeführt, so daß Reihefolgeoptimierungen gerade bei Aufgaben mit mehreren kooperierenden Einheiten nicht möglich sind.

Die Kooperation zwischen mehreren autonomen Einheiten ist sehr strengen Regeln unterworfen. Die dabei verwendeten Verhaltensmuster enthalten alle möglichenen Reaktionen in einer Situation (FISCHER 1993, S. 97), so daß nur eine Kooperation zwischen zwei Einheiten mit genau aufeinander abgestimmten Aufgabenausführungsmodulen möglich ist (FISCHER 1993, S. 128).

Sich selbst organisierende Produktionsprozesse (SOPP)

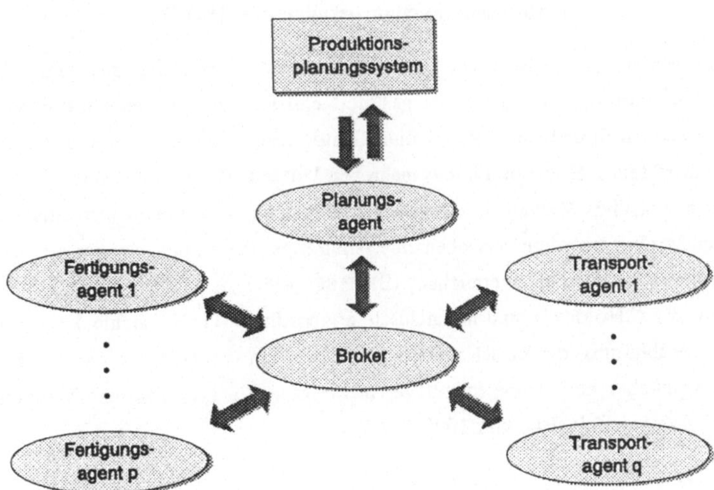

Bild 2.6 :   Strukturierung der „sich selbst organisierenden Produktionsprozesse" nach DILGER & KASSEL (1993, S. 348)

Ein anderes Beispiel einer zentral gesteuerten Kooperation sind die von DILGER & KASSEL (1993, S. 347FF) beschriebenen „sich selbst organisierenden Produktionsprozesse" (SOPP). Zur Koordination des Informationsaustausches zwischen den einzelnen Agenten wird dabei ein „zentraler Broker" eingesetzt. Er steuert in erster Linie die Auftragsvergabe. Für jeden Fertigungsagenten, der einen neuen Auftrag bearbeiten kann, bestimmt der Broker eine Teilmenge von Werkstattaufträgen, die von diesem Agenten bearbeitet werden können. Jeder Fertigungsagent berechnet für jeden gegebenen Werkstattauftrag die voraussichtlichen entstehenden Kosten und sendet ein Angebot zur Bearbeitung an den Broker. Der Broker vergleicht die Angebote und verteilt für die besten Angebote die Zuschläge (DILGER & KASSEL 1993, S. 348FF). Es sind aber keine Möglichkeiten zur dezentralen Störungsbehandlung vorgesehen. Der zentrale Broker wird damit zum kapazitiven Flaschenhals, da er neben der normalen Koordination der Aufgabenverteilung auch die Behandlung von Störungen durchführen muß.

Holonische Fertigungssysteme (HMS)

Unter dem Begriff „Holonische Fertigungssysteme" werden Entwicklungen zusammengefaßt, die nicht durch eine genaue Realisierungsform, sondern durch die Eigenschaften ihrer Bestandteile definiert sind. „Ein holonisches System besteht aus einer Menge Holonen. Ein aus mehreren Untersystemen bestehendes System zeigt holonisches Verhalten, wenn die Untersysteme sich vollkommen autonom verhalten, aber trotzdem versuchen, ihre Anstrengungen zu bündeln, um ein übergeordnetes Systemziel zu erreichen" (BRUSSEL 1995, S. 44). Die einzelnen Untersysteme („Holone") sind hierarchisch angeordnet. Die Hierarchie kann aber aufgabenabhängig dynamisch rekonfiguriert werden (TONSHOFF U. A. 1995, S. 3). Es gibt aber noch keine endgültige Architektur, die das holonische Verhalten durchgängig erfüllt (BRUSSEL 1995, S. 45).

Koordinierung mehrerer Agenten innerhalb der Robotersteuerung (KAMARA)

Für einen mit der Produktionssteuerung vergleichbaren Problembereich beschreiben LUTH & LÄNGLE (1944, S. 1516FF) die Aufgabenverteilung innerhalb eines

Multirobotersystems, in dem jede Komponente durch einen Agenten gesteuert wird. Über ein Blackboard werden die ausstehenden Aufgaben publik gemacht. Hier tragen die Agenten auch ihre Angebote zur Aufgabenbearbeitung ein. Das Blackboard wird von einem zentralen Agenten überwacht. Er hat vor allem zwei Aufgabenbereiche. Zum einen muß er die Zeit überwachen, die bis zur Ausführung einer Aufgabe vergeht, und er muß die Zuverlässigkeit prüfen, mit der die einzelnen Agenten die übernommenen Aufgaben ausführen (LÜTH & LÄNGLE 1994, S. 1521). Bei Kooperationen mehrerer Agenten übernimmt jeweils ein spezieller Ausführungsagent die gemeinsame Steuerung der kooperierenden Komponenten, während die zur normalen Steuerung der betroffenen Komponenten eingesetzten Agenten vollkommen deaktiviert werden (LÜTH & LÄNGLE 1994, S. 1519). Dies spiegelt zwar die Echtzeitanforderungen bei diesem Problem wider, entspricht aber nicht dem Prinzip grundsätzlich selbständig entscheidender dezentraler Komponenten.

Bewertung dezentral gesteuerter Produktionsstrukturen mit zentraler koordinierender Instanz

Die typischen Nachteile von vollkommen zentralen und vollkommen dezentralen Ansätzen der Produktionssteuerung können mit den obigen Ansätzen weitgehend vermieden werden. Die meisten der betrachteten Ansätze besitzen aber keine Fähigkeiten, zumindest mittelfristig zu planen, sondern berücksichtigen die verfügbaren Kapazitäten häufig nur reaktiv zum Zeitpunkt der Einlastung der nächsten Aufgabe (z. B. FISCHER 1993 / DILGER & KASSEL 1993). Vor allem ist aber kein Ansatz vorhanden, der die Anforderungen der Einzel- und Kleinserienfertigung in Bezug auf Planungsfähigkeiten und Flexibilität vereint. Die Ansätze bieten aber einen hinreichenden Einblick in die Anforderungen, die zukünftige Produktionsstrukturen an die darin eingesetzten mobilen Roboter stellen werden.

2.6   Vergleichender Überblick über die betrachteten Produktionsstrukturen

Die vorherigen Kapitel haben gezeigt, daß jede Art der Produktionssteuerung spezifische Vor- und Nachteile hat. Bild 2.7 gibt einen Überblick über die wesentlichen Eigenschaften der betrachteten Arten der Produktionssteuerung. Es ist zu erkennen, daß sich eine zentrale Produktionssteuerung aufgrund ihres umfassenden Überblicks über die gesamte Produktionsanlage sehr gut für die Planung und Steuerung im ungestörten Regelbetrieb eignet. Ändern sich jedoch durch Störungen oder andere Umgebungsänderungen die Planungsgrundlagen während des Betriebs, so hat eine zentrale Produktionssteuerung im allgemeinen mit Schwierigkeiten zu kämpfen. Soll beispielsweise die Produktionsanlage auch während des Betriebs durch die Hinzunahme neuer Einheiten umkonfiguriert werden, so sind dezentrale Arten der Produktionssteuerung überlegen. Ihre Planungsalgorithmen bauen auf keiner Abbildung der gesamten Produktionsanlage auf. Veränderungen der Produktionsanlage erfordern deshalb keine Umkonfiguration der einzelnen Einheiten. Auch können dezentrale Arten der Produktionssteuerung gut auf plötzlich auftretende Störungssituationen oder auf kurzfristig eintreffende Aufträge reagieren. Noch besser können dezentrale Arten der Produktionssteuerung solchen Änderungen begegnen, wenn sie von einer zentralen koordinierenden Instanz unterstützt werden, da die koordinierende Instanz ihren Überblick zu einer gezielten Störungsbeseitigung nutzen kann. So kann verhindert werden, daß eine Störung oder eine plötzlich eintreffende Aufgabe die Aufgabenbearbeitung von unnötig vielen Einheiten beeinflußt.

Kriterium	Planungs- und Steuerungshierarchie nach ISO-Referenzmod. (zentral)	Bionic Manufacturing System (dezentral)	Wettbewerbsorientierte Auftragsvergabe (dezentral)	Produktionssteuerung nach dem Schiebeverfahren (dezentral)	Random Manufacturing System	regelbasiertes Multiagentensystem MAGSY	sich selbst organisierende Produktionsprozess	Holonische Fertigungssysteme	Robotersteuerung KAMARA
Verbindung logist. und techn. Störungsbehandlung	○	○	+	+	○	○	|	++	○
Reaktion auf Störungen	|	+	○	+	++	○	○	++	+
Reaktion auf kurzfristige Auftragsänderungen	|	+	○	+	++	++	++	++	++
Reduktion od. Erweit. der Prod.-anlage während d. Betriebs	|	++	+	+	○	○	+	+	+
Verteilung der Planungsaufgabe auf mehrere Einheiten	|	++	++	++	+	+	○	+	+
Fähigkeit zur mittelfristigen Planung	++	○	+	+	○	|	+	+	++
Fähigkeit zur langfristigen Planung	++	|	○	○	|	|	|	|	|
Beachtung logistischer Zielgrößen	++	|	○	○	|	|	+	+	○
Überblick über die Produktionssituation	++	|	|	|	+	+	+	++	+

(Spaltengruppierung: zentral: Planungs- und Steuerungshierarchie nach ISO-Referenzmod.; dezentral: Bionic Manufacturing System, Wettbewerbsorientierte Auftragsvergabe, Produktionssteuerung nach dem Schiebeverfahren; dezentral mit zentraler Koordinierungsinstanz: Random Manufacturing System, regelbasiertes Multiagentensystem MAGSY, sich selbst organisierende Produktionsprozess, Holonische Fertigungssysteme, Robotersteuerung KAMARA)

Bild 2.7 :   Vergleich der betrachteten Produktionsstrukturen

2.7 Anforderungen an autonome mobile Roboter in den verschiedenen Produktionsstrukturen

In den vorigen Abschnitten wurden sehr unterschiedliche Produktionsstrukturen beschrieben, die teilweise von vollkommen unterschiedlichen Steuerungen der Maschinen in der Produktionsumgebung ausgehen. Auch der Aufbau der Steuerung autonomer mobiler Roboter ist von vielen Umgebungsfaktoren abhängig (siehe Bild 2.8). Diese Abhängigkeiten sollen hier aufgezeigt werden, um bei der Konzeption des Führungsrechners einen möglichst allgemeingültigen Ansatz zu finden, der mit geringem Aufwand an verschiedene Produktionsstrukturen angepaßt werden kann.

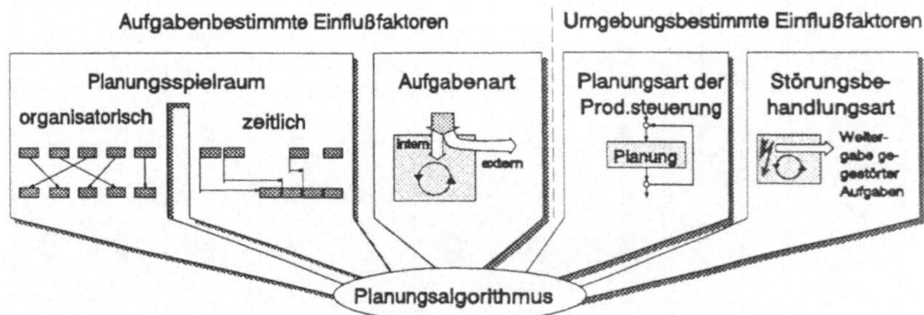

Bild 2.8 :   Einflußfaktoren auf den Planungsalgorithmus

Die Ausführungssteuerung ist vor allem abhängig vom Umfang der Veränderungen in der Umgebung, auf die ein mobiler Roboter reagieren soll. Davon betroffen ist in erster Linie der Umfang der einzusetzenden Sensorik. Ist der Führungsrechner mit flexiblen Schlußfolgerungsmechanismen ausgestattet, stößt er in keiner Umgebung auf Schwierigkeiten, sofern nur ausreichend Sensorik zur Umgebungserkennung vorhanden ist. Diese umgebungsbedingten Abhängigkeiten stellen somit vor allem Anforderungen an die Sensorik und werden deshalb nicht weiter untersucht.

Wichtiger für den Aufbau des Führungsrechners sind die Abhängigkeiten der lokalen Planungsfähigkeiten von der Art der verteilten Aufträge sowie anderer Planungsparameter. Dabei ist es gleichgültig, ob die Aufträge von anderen autonomen Einheiten oder von Werkern kommen, die Unterstützung anfordern. Wichtig ist vielmehr die Klassifikation der Aufträge nach bestimmten Planungskriterien. Entscheidend ist in erster Linie, wie groß der organisatorische und zeitliche Handlungsspielraum ist, den die Auftraggeber dem mobilen Roboter zur Aufgabendurchführung einräumen. Der organisatorische Handlungsspielraum ist vor allem von der durchschnittlichen Anzahl selbständig auszuführender Teilschritte zur Durchführung eines eingelasteten Auftrags abhängig. Je größer diese Anzahl ist, umso mehr Möglichkeiten verbleiben den Planungsalgorithmen des Führungsrechners zur Optimierung der Bearbeitungsreihenfolge aller lokal eingeplanten Teilschritte. Ähnlichen Einfluß hat der zeitliche Spielraum, den die Auftraggeber für die Auftragsbearbeitung gewähren. Ist ein großer Pool an Aufträgen mit größerem zeitlichen Spielraum für die Abarbeitung vorhanden, so gibt es mehr Entscheidungsmöglichkeiten bei der Planung der Bearbeitungsreihenfolge. Aufwendige Optimierungsverfahren zur Reduzierung der Rüstkosten sind in diesem Fall sinnvoll. Unter Umständen ist auch eine regelmäßige Neuplanung notwendig, um einen schrittweise bei der sequentiellen Einlastung von Aufgaben aufgebauten Terminplan komplett neu zu optimieren.

Die Aufgabenplanung ist des weiteren auch von der Art der eingelasteten Aufgaben abhängig. Müssen Teilaufgaben zur Durchführung eines Auftrags an andere Einheiten weitergegeben werden, so müssen nicht nur die Verhandlungsfunktionalitäten eines Auftragnehmers, sondern auch die eines Auftraggebers implementiert werden. Bei der Planung müssen nicht nur lokal zu bearbeitende Teilaufgaben eingeplant werden, sondern es muß zugleich versucht werden, nicht lokal durchführbare Teilaufgaben an andere Einheiten weiterzugeben. Es muß also nicht nur ein lokaler Bearbeitungsplan, sondern auch ein Plan für die Koordinierung lokaler und externer Teilaufgaben verwaltet werden.

Wichtig ist darüber hinaus noch, ob die Einplanung wie bei einer zentralen Produktionssteuerung nur einmalig erfolgt oder ob die Einplanung von Aufträgen zyklisch in mehreren, kurz aufeinander folgenden Planungswellen rückgängig gemacht und anschließend wiederholt wird, um die Bearbeitungsreihenfolge zu optimieren (wie bei HAHNDEL & LEVI 1994B). Erfolgt die Planung iterativ in kurz aufeinanderfolgenden Planungsschritten, sind zeitintensive optimierende

Planungsverfahren zu langsam. In diesen Fällen muß die lokale Planung mit Hilfe von Abschätzungen sehr schnell Planungsentscheidungen treffen können. Erfolgt die Planung jedoch nur einmal, so sind komplexe, eventuell auch mehrstufige Planungsverfahren bei jeder Einplanung sinnvoll, da Änderungen der Bearbeitungsreihenfolge nur im Störungsfall durchgeführt werden.

Zuletzt ist die Aufgabenplanung zusätzlich noch von der festgelegten Art der Störungsbehandlung abhängig. Unter Umständen kann die autonome Einheit im Störungsfall nicht einfach die Aufgabe mit einer Fehlermeldung versehen und an den Auftraggeber zurückgeben, sondern muß zunächst alle Möglichkeiten einer lokalen Fehlerbehandlung ausschöpfen. In diesem Fall benötigt sie zusätzliche Planungs- und Verhandlungsmechanismen zur Weitergabe der noch nicht durchgeführten Teilaufgaben an andere Einheiten.

3 Bekannte Ansätze zur Steuerung autonomer mobiler Roboter

3.1 Übersicht

Nachdem im vorigen Kapitel die durch das Zusammenspiel mehrerer Einheiten in der Produktionsumgebung gegebenen Randbedingungen bestimmt wurden, soll dieses Kapitel auf den Aufbau einzelner autonomer Einheiten eingehen. Im Gegensatz zum vorigen Kapitel geht es jetzt nicht mehr um die Verteilung von Aufgaben auf durchweg intelligente Einheiten, sondern um die Koordinierung der lokalen Aktoren und Sensoren einer Einheit, die auf einem viel geringeren Abstraktionsniveau angesteuert werden.

Prinzipiell unterscheidet man bei der Steuerung autonomer mobiler Roboter zwischen verhaltens- und funktionsorientierten Ansätzen (HÖRMANN 1991, S. 5FF): Verhaltensorientierte Architekturen (siehe Bild 3.1) charakterisieren das Gesamtsystem durch eine Reihe von Verhaltensmustern, welche die Reaktion des Systems auf bestimmte Umweltsituationen definieren. Ein Verhaltensmuster kann zum Beispiel für die Vermeidung von Kollisionen zwischen einem mobilen Roboter und Objekten in seiner Umgebung zuständig sein, ein anderes zum Erstellen einer Umgebungskarte. Der aktuelle Zustand des Gesamtsystems ist durch die Menge der momentan aktiven Verhaltensmuster definiert.

Im Gegensatz dazu sehen funktionsorientierte Architekturen (siehe Bild 3.2) für jede Funktion (wie Planung, Aufgabenausführung, ...) eine eigenständige Systemkomponente vor, welche die alleinige Zuständigkeit für ihren Aufgabenbereich enthält. Der aktuelle physikalische Systemzustand wird im Gegensatz zu verhaltensorientierten Architekturen nur von einer Systemkomponente, der Ausführungssteuerung, geändert.

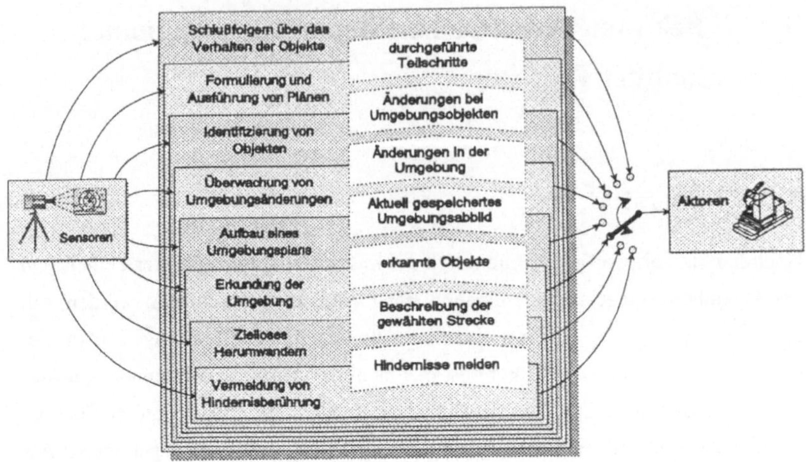

Bild 3.1 :   *Beispiel einer verhaltensorientierten Architektur (nach BROOKS 1986, S. 510F)*

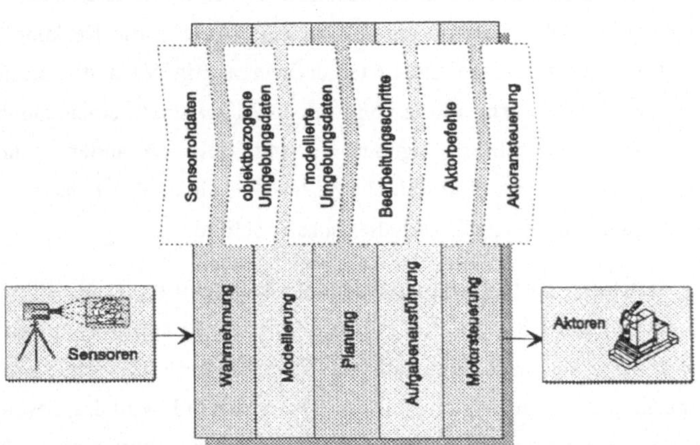

Bild 3.2 :   *Beispiel einer funktionsorientierten Architektur (nach BROOKS 1986. S. 510F)*

3.2 Verhaltensorientierte Architekturen

Ein Beispiel einer verhaltensorientierten Architektur ist die *subsumption archi-tecture* von BROOKS (1986, S. 509FF). Das Verhalten des Systems wird dabei durch eine Menge von Verhaltensmustern charakterisiert, die jeweils eine Reaktion des Systems auf bestimmte Umweltsituationen definieren (siehe Bild 3.1). Wie bei den meisten verhaltensorientierten Architekturen ist auch die Architektur von BROOKS (1986) hierarchisch aufgebaut, d.h. die einzelnen Verhaltensmuster sind in Hierarchieebenen gruppiert. Jedes Verhaltensmuster nutzt so die Dienstleistungen aller untergeordneten Verhaltensmuster. Beispielsweise ist das unterste Verhaltensmuster in Bild 3.1 („Vermeidung von Berührungen mit Hindernissen") die Grundlage für die Arbeit aller darüberliegenden Verhaltensmuster und deshalb immer aktiv.

Es gibt zwar auch verteilte verhaltensorientierte Architekturen, die aus einer Menge gleicher kooperierender Untereinheiten bestehen, zum Beispiel neuronale Netze. Sie werden aber nur für sehr einfache Probleme eingesetzt (HÖRMANN 1991, S. 6), bei denen sie ohne Planung und nur reaktiv auf Umgebungsänderungen reagieren müssen.

Verhaltensorientierte Ansätze haben den Vorteil, daß der Ausfall eines Verhaltensmusters in der Regel nur eine Leistungsminderung bewirkt, da das Gesamtsystem dann entsprechend der Fähigkeiten der verbliebenen hierarchisch niederen Verhaltensmuster weiter arbeiten kann. Verhaltensorientierte Systeme haben ein unübertroffen robustes Verhalten bei speziellen Problemen wie der Kollisionsvermeidung für autonome Fahrzeuge (CHENG & LÜTH 1994, S. 2) oder bei der Auswertung unzuverlässiger und mit Rauschen behafteter Sensordaten (TZAFESTAS 1994, S. 195). Auch auf unvorhergesehene Ereignisse während der Aufgabenausführung reagieren verhaltensorientierte Systeme mit sehr guter Echtzeitfähigkeit (EVANS & LEE 1994, S. 2916 / TZAFESTAS 1994, S. 195).

Nachteilig wirkt sich jedoch aus, daß die Topologie der einzelnen Module die Gesamtfunktionalität festlegt. Anpassungen an neue Aufgaben sind nur sehr umständlich möglich (MEIJER & HERTZBERGER 1991, S. 235). TIÈCHE U. A. (1995, S. 656F) beschreiben beispielsweise eine verhaltensorientierte Architektur für einen Roboter, der Stühle gezielt verschieben soll. Neben fünf allgemeinen Verhaltensweisen („Herumwandern", „Fahren zur Referenzposition", „Zurückkehren zur Urspungsposition", „Hinderniserkennung", „Speicherung der aktuellen Position") wurden vier weitere Verhaltensweisen speziell für diese Aufgabe entwickelt („Stuhl suchen", „zum Stuhl fahren", „zur geeigneten Schiebeposition des Stuhls fahren", „Stuhl schieben").

Darüber hinaus sind verhaltensorientierte Systeme nicht in der Lage, Handlungsketten zu erzeugen, die in komplizierten Situationen zur Problemlösung notwendig sind (CHENG & LÜTH 1994, S. 2), da die getroffenen Entscheidungen immer nur den nächsten Handlungsschritt betreffen. In einer strukturierten und weitgehend statischen Umgebung mit selten auftretenden Fehlern sind Planungen bis zu einem gewissen Grad aber sinnvoll möglich und auch notwendig. Deshalb arbeiten verhaltensorientierte Systeme in diesem Bereich ineffizient (EVANS & LEE 1994, S. 2916 / MEIJER & HERTZBERGEN 1991, S. 234). In anderen Bereichen. wie der selbständigen Suche nach Mineralien auf einem zu erforschenden Planeten (siehe TZAFESTAS 1994, S. 196) sind verhaltensorientierte Architekturen hingegen angemessen und können ihre Stärken zeigen.

Weitere verhaltensorientierte Ansätze finden sich beispielsweise in BOOTH & MAYHEW (1989, S. 958) / CAI U. A. (1995, S. 1191FF) / MALCOLM U. A. (1989. S. 557FF) / RUSSEL U. A. (1992, S. 111FF) / WATANABE U. A. (1992, S. 2711FF) / WERSHOFEN & GRAEFE (1993, S. 447FF).

3.3   Funktionsorientierte Architekturen

Im Gegensatz zu verhaltensorientierten Architekturen ist in funktionsorientierten Architekturen für jede Funktion eine eigenständige Systemkomponente vorgesehen (siehe Beispiel in Bild 3.2). Verglichen mit den Verhaltensmustern bei verhaltensorientierten Architekturen (siehe Bild 3.1) bauen die Funktionen aber nicht aufeinander auf, sondern werden immer nacheinander angestoßen. wenn aufgrund von Sensordaten neue Aktorbefehle generiert werden sollen. Es gibt sowohl hierarchisch als auch verteilt aufgebaute Ansätze. Beide sind besonders in strukturierten Umgebungen, wie sie auch in der Produktion auftreten, gut einsetzbar.

3.3.1   Hierarchisch funktionsorientierte Architekturen

Hierarchisch funktionsorientierte Architekturen werden in mehrere Ebenen aufgeteilt. Im Normalfall ist eine direkte Verbindung nur zwischen zwei benachbarten Ebenen möglich (HÖRMANN 1991, S. 6).

Ein Beispiel einer hierarchisch funktionsorientierten Architektur ist die „Allgemeine Theorie zur funktionsorientierten Steuerung komplexer Robotersysteme" von ALBUS U. A. (1983), die im „NASA Standard Reference Model for Telerobot Control System Architecture (NASREM)" (ALBUS U. A. 1987) als Referenzarchitektur festgeschrieben wurde. Jede Ebene besteht aus Komponenten zur Aufgabenzerlegung, Weltmodellierung und Sensordatenverarbeitung (siehe Bild 3.3). In jeder Ebene unterteilt die Aufgabenzerlegung komplexe Aufgaben in eine Folge einfacherer Teilaufgaben für die jeweils darunterliegende Ebene. Die Weltmodell-Hierarchie verbindet die einzelnen Komponenten über die erwarteten Sensorwerte in Abhängigkeit von der gestellten Aufgabe. Bei Störungen wird in jeder Ebene eine Störungsbehebung versucht und bei ihrem Scheitern die Störungsmeldung zur nächsthöheren Ebene weitergegeben.

Ähnliche hierarchische Verfahren finden sich in BORGES-SOUSA (1995, S. 649FF) / KNIERIEMEN & PUTTKAMER (1991, S. 192FF) / LEFEBVRE & SARIDIS (1992, S. 2745FF) / MEIJER & HERTZBERGER (1991, S. 230FF) / NOREILS (1992, S. 2703FF) / REMBOLD & DILLMANN (1989, S. 565 FF) / SPUR & TIMM (1992, S. 201FF).

Bedingt durch die Verkettung der Systemmodule haben hierarchisch funktionsorientierte Architekturen den Nachteil, daß der Ausfall eines Systemmoduls den Ausfall des Gesamtsystems nach sich zieht. Außerdem wirkt die Störungsbehandlung durch die Weitergabe von Störungsmeldungen über mehrere Ebenen oft unflexibel.

Dem stehen aber mehrere Vorteile gegenüber. Der wichtigste Vorteil ist die Planungsfähigkeit als fester Bestandteil dieser Architekturen. Aufbauend auf dem gespeicherten Wissen können Planungen in einer strukturierten Umgebung sinnvoll durchgeführt werden. Durch den hierarchischen Aufbau mit zunehmend abstrakter Informationsverarbeitung in den höheren Ebenen kann Vorwissen in verschiedenen Abstraktionsgraden genutzt werden. Außerdem ist der hierarchische Aufbau mit seinen festen Verbindungen der Module untereinander übersichtlich, so daß die Entwicklungsarbeit erleichtert wird.

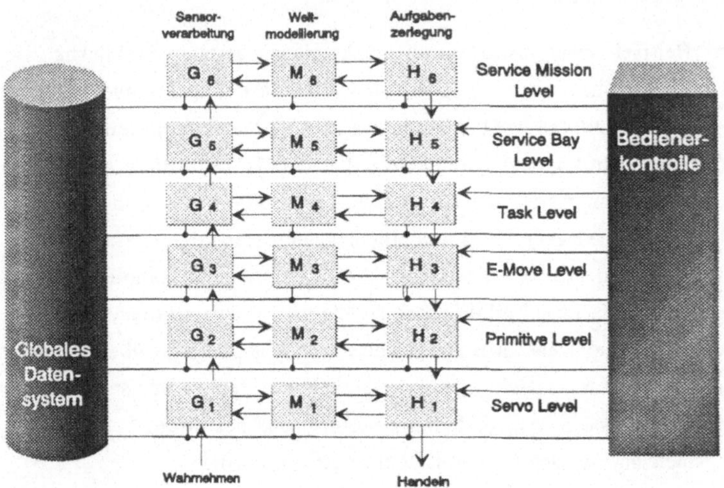

Bild 3.3 :   Beispiel einer hierarchisch funktionsorientierten Architektur: Die NASREM Referenz-Steuerungsarchitektur (nach ALBUS U. A. 1987)

3.3.2   Verteilte funktionsorientierte Architekturen

Bei verteilten funktionsorientierten Architekturen gibt es genauso wie bei hierarchisch funktionsorientierten Architekturen Einzelmodule mit festen Funktionalitäten. Die Einzelmodule sind aber nicht in einer expliziten Hierarchie angeordnet. Sie bilden eine Menge kooperierender Experten, welche über einen zentralen Kommunikationsmechanismus Daten austauschen. In der Regel gibt es Experten für die Umwelterfassung, Wissensspeicherung, Ausführung usw. (HÖRMANN

1991, S. 6). Ein Beispiel ist die Steuerungsarchitektur KAMARA (LÜTH & LÄNGLE 1994, S. 1516FF) für autonome mobile Roboter, in der z. B. die Bildverarbeitung und die Manipulatoren als Agenten miteinander verhandeln, um die für die autonome Handhabung benötigten Informationen auszutauschen.

Im Vergleich zu hierarchisch funktionsorientierten Architekturen gibt es bei verteilt funktionsorientierten Architekturen keine klare Strukturierung. Jedoch sind alle Komponenten Experten auf ihren Gebieten und arbeiten unabhängig voneinander. Dadurch wird ein hoher Grad an Parallelität erreicht (HÖRMANN 1991, S. 6).

Für die Realisierung des zentralen Kommunikationsmechanismus in einer verteilten funktionsorientierten Architektur ist das sogenannte *Blackboardkonzept* weit verbreitet. Es bietet die Technik, um verteiltes Expertenwissen zum Auffinden von Problemlösungen zu koordinieren. Man kann sich ein Blackboardsystem als eine Menge von Spezialisten vorstellen, die alle auf die gleiche Tafel blicken. Jeder prüft, ob die aufgeführten Angaben als Grundlage für einen eigenen Beitrag ausreichen, und trägt einen solchen bei Bedarf ein. Das Blackboardkonzept wird häufig auch für das verteilte Planen verwendet (LEVI 1987, S. 76). Ansätze mit Blackboard finden sich zum Beispiel in CASSINIS U. A. (1988, S. 299FF) / HÖRMANN U. A. (1989, S. 577FF) / LISCANO U. A. (1992, S. 334).

Leider führt die Implementierung eines Blackboardkonzepts zu einem unnötig hohen Verbrauch an Speicherplatz und Rechenzeit. Es wird deshalb vorwiegend als Instrument der Softwareerstellung und zum Test gesehen (BECKER U. A. 1989, S. 22). Wird Effizienz angestrebt, so kann das System auf einer anderen Architektur aufbauend reimplementiert werden.

3.4   Zusammenfassung und Bewertung der Ansätze

In den vorherigen Kapiteln wurden sowohl verhaltens- als auch funktionsorientierte Steuerungsarchitekturen betrachtet. In strukturierten Umgebungen, wie der Produktionsumgebung, werden in erster Linie funktionsorientierte Ansätze angewandt, da diese mit den benötigten Planungsfähigkeiten ausgerüstet werden können. Verhaltensorientierte Ansätze hingegen werden für andere Anwendungsarten, beispielsweise zur Durchführung von Aufgaben in vollkommen unbekannten Umgebungen, eingesetzt.

Die meisten Projekte beschäftigen sich nur mit Teilproblemen der Thematik, z. B. mit der Systemsteuerung (z. B. AZARM U. A. 1993, S. 81FF) oder nur mit der kooperierenden Aufgabenverteilung (z. B. HAHNDEL & LEVI 1994A, S. 1285FF). Andere sparen einzelne Bereiche, wie z. B. die Planungsebene, aus (z. B. HERTZBERGER U. A. 1995, S. 194). So sind viele Einzelkomponenten entstanden, die nicht miteinander kompatibel sind.

Andere Ansätze beschäftigen sich mit der Anwendung autonomer mobiler Roboter in vollkommen unstrukturierten Umgebungen (z. B. TZAFESTAS 1994, S. 195) und sind deshalb nicht für die Anwendung in einer Produktionsumgebung geeignet.

Aber auch die Ansätze, die sich mit dem Einsatz eines autonomen mobilen Roboters in der Produktion beschäftigen, gehen entweder gar nicht auf die Einbindung des Roboters in die Umgebung ein (Z. B. KNIERIEMEN & PUTTKAMER 1991, S. 187FF) oder sie vereinfachen diese Zusammenarbeit in einer Weise, die die allgemeine Anwendung des Ansatzes einschränkt (Z. B. FISCHER 1993).

4 Grobkonzept und Struktur eines Führungsrechners zur Steuerung auton. mobiler Roboter

4.1 Übersicht

In diesem Kapitel werden nach einer Definition der Begriffe *Führungsrechner* und *mobiler Roboter* die einzelnen hierarchischen Ebenen des Führungsrechners beschrieben. Dabei werden sowohl die Aufgaben jeder Ebene dargestellt als auch Anforderungen zur erfolgreichen Integration der Ebenen in das Gesamtkonzept des Führungsrechners aufgestellt.

4.2 Grobkonzept des Führungsrechners

Vor der Beschreibung des Führungsrechner-Konzepts soll zunächst die Definition des Begriffs „*Führungsrechner*" genauer betrachtet werden. Bereits in Kapitel 1 wurde definiert:

Definition: Ein *Führungsrechner* ist die Steuerung eines autonomen mobilen Roboters, die ihm ein selbständiges Arbeiten ermöglichen soll.

Sehr wichtig ist die Definition des darin verwendeten Begriffs des *mobilen Roboters*:

Definition: *Mobile Roboter* stellen mobil einsetzbare Handhabungseinheiten dar. Der Begriff wird allgemeingültig für eine Vielzahl möglicher technischer Realisierungen angewandt, die jeweils aus einem Manipulations- und einem Lokomotionsteil bestehen (vgl. NABER 1991, S. 11FF / KLIPPEL 1988, S. 58FF).

Sofern auch eine unabhängige Nutzung von Manipulations- und Lokomotionsteil erfolgt, werden beide Teile als unabhängige Einheiten mit eigenem Führungsrechner betrachtet (siehe Bild 4.1). Benötigt der Manipulationsteil in diesem Fall den Lokomotionsteil, um seinen Standort zu ändern, so hat der Führungsrechner des Manipulationsteils keine direkte Befehlsgewalt über den Führungsrechner des

Lokomotionsteils. Der Führungsrechner des Manipulationsteils muß deshalb gleichberechtigt mit anderen Einheiten die Transportaufgaben verteilen, die Dienstleistungen des Lokomotionsteils bei dessen Führungsrechner anfordern. Die Beispiele in dieser Arbeit beziehen sich in erster Linie auf den Führungsrechner des Manipulationsteils. Der Führungsrechner des Lokomotionsteils wird aber vollkommen analog aufgebaut.

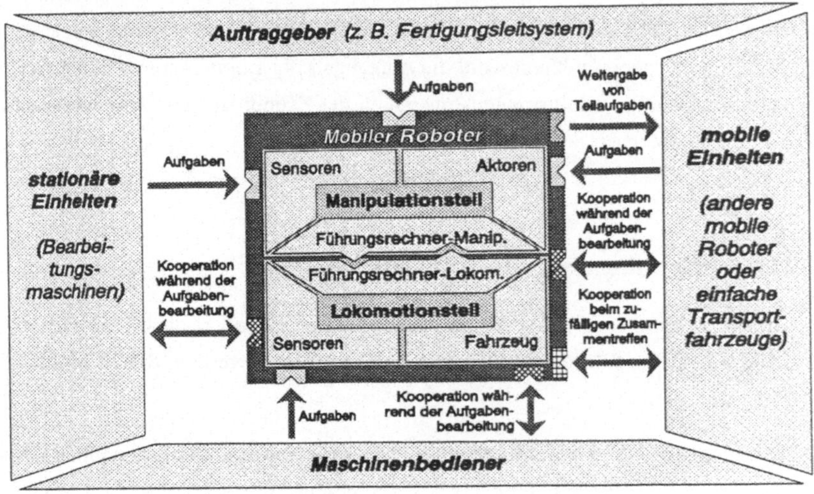

Bild 4.1 :   *Prinzipieller Aufbau eines mobilen Roboters sowie seine Einbettung in das Fertigungsumfeld*

Der Manipulationsteil muß über einen oder mehrere Aktoren für Manipulationsaufgaben verfügen, der Lokomotionsteil über ein Fahrzeug. Beide Teile benötigen zusätzlich die zur Umgebungserkennung notwendige Sensorik. Art und Umfang der eingesetzten Sensoren und Aktoren hängt von den Aufgaben eines mobilen Roboters ab. Wichtig ist, daß das vorgestellte Konzept des Führungsrechners unabhängig vom verwendeten Aufbau eines mobilen Roboters ist. Bei der Implementierung müssen lediglich die konkreten Bearbeitungsalgorithmen an die verwendete Hardware angepaßt werden. Es ist aber keine Anpassung der in der Arbeit vorgestellten Struktur des Führungsrechners notwendig.

Um mit der Umgebung in Verbindung treten zu können, müssen der Manipulations- und der Lokomotionsteil jeweils über vier verschiedene Arten von Kommunikationsschnittstellen verfügen (siehe Bild 4.1). Über die Schnittstellen der ersten Kategorie werden die Aufträge aller Auftraggeber entgegengenommen. Ist für die Aufgabenbearbeitung die Hilfe anderer autonomer Einheiten erforderlich, so können Teilaufgaben über die Kommunikationsschnittstellen der zweiten Art weitergegeben werden. Die Kommunikationsschnittstellen der dritten und vierten Kategorie dienen der Kommunikation mit anderen autonomen Einheiten während der Aufgabenbearbeitung. Dabei wird zwischen einer geplanten Kommunikation während der kooperativen Aufgabenbearbeitung und dem Informationsaustausch beim zufälligen Zusammentreffen mehrerer mobiler Einheiten zur Kollisionsvermeidung unterschieden.

4.3 Struktur des Führungsrechners

4.3.1 Allgemeine Anforderungen an das Steuerungskonzept

Bevor auf die allgemeine Struktur des Führungsrechners eingegangen wird, sollen zunächst zwei allgemeine Anforderungen an die Strukturierung aufgestellt werden, die die Erweiterbarkeit und Anpaßbarkeit des Führungsrechners sicherstellen (siehe Bild 4.2):

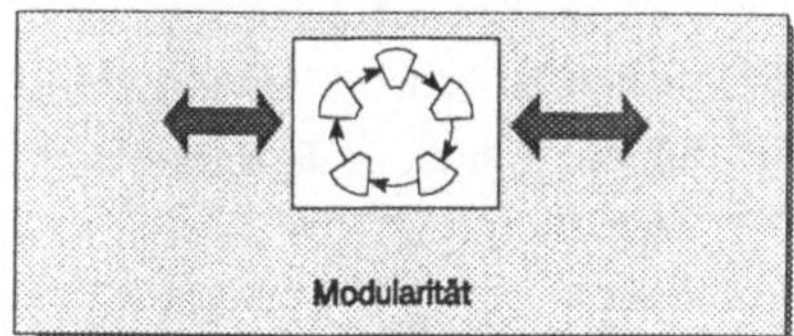

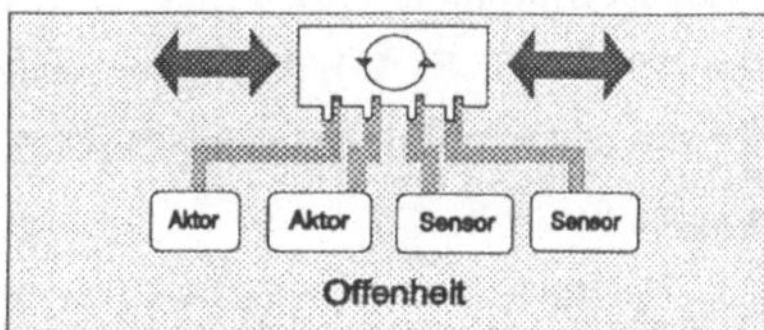

Bild 4.2 :   Anforderungen an das Steuerungskonzept

Modularität: Bei der Konzeption der Steuerung der autonomen Einheiten sollte ein Aufbau aus mehreren standardisierten Softwarebausteinen mit genau definierten Aufgabenbereichen angestrebt werden, um eine stufenweise System-entwicklung und -erweiterung zu vereinfachen. Um das zu ermöglichen, müssen sowohl eine grundlegende einheitliche Softwarearchitektur als auch die Designprinzipien für die Einzelbausteine standardisiert werden (vgl. GLAS 1993, S.57).

Offenheit: Die Steuerung eines mobilen Roboters soll darüber hinaus sowohl offen für Änderungen der angeschlossenen Aktoren und Sensoren als auch für Änderungen einzelner Bestandteile der Steuerung sein. Zur Vermeidung von Schnittstellenproblemen müssen daher Module der Steuerung sowie alle angebundenen Sensoren und Aktoren über eine einheitliche technische und logische Schnittstelle verfügen.

4.3.2   Die hierarchischen Ebenen des Führungsrechners

Bei der Konzeption des Führungsrechners muß dessen Einsatzumgebung berücksichtigt werden. Wie im vorigen Kapitel gezeigt wurde, bieten funktionsorientierte Steuerungsarchitekturen beim Einsatz autonomer Einheiten in einer strukturierten Fabrikumgebung Vorteile gegenüber verhaltensorientierten Steuerungsarchitekturen. Im vorliegenden Konzept zur Steuerung autonomer mobiler Roboter wurde deshalb eine funktionsorientierte Architektur gewählt.

Prinzipiell wäre sowohl ein hierarchisch funktionsorientierter als auch ein verteilt funktionsorientierter Ansatz möglich. In einer größtenteils vorhersehbaren Umgebung ist eine hierarchisch funktionsorientierte Architektur aber besser geeignet (BRUSSEL 1995, S. 43), da sie die besten Möglichkeiten bietet, Vorwissen verschiedenen Abstraktionsgrades übersichtlich strukturiert in die Aufgabenausführung einzubeziehen.

In den meisten hierarchisch funktionsorientierten Ansätzen werden *Organisations-, Koordinations-* und *Ausführungsebene* unterschieden (siehe Bild 4.3) (z. B. KOCH 1996, S. 61F oder LEFEBVRE & SARIDIS 1992, S. 2745). Die Organisationsebene enthält Planungs- und Schlußfolgerungsfähigkeiten auf einem höheren Abstraktionsniveau. Die Koordinationsebene integriert mehrere Hardware-Komponenten zu einer intelligenten Maschine, die Ausführungsebene steuert die

Hardware direkt an. Ähnliche Unterteilungen finden sich auch bei LEVI U. A.
(1995, S. 311) und HERTZBERGER U. A. (1995, S. 192).

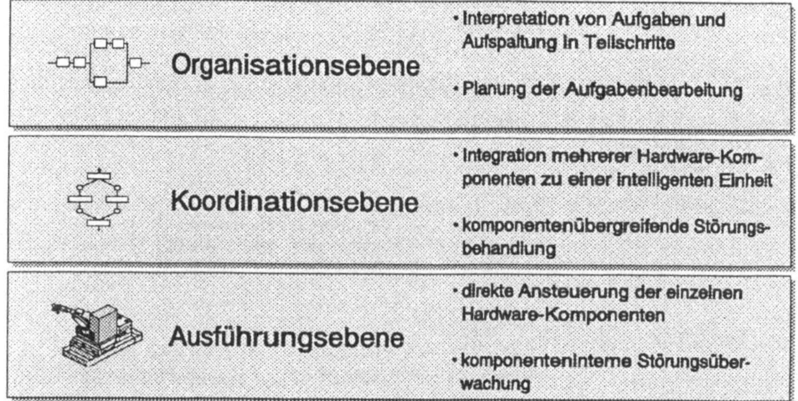

*Bild 4.3 :   Überblick über die hierarchischen Ebenen des Führungsrechners
und ihrer Aufgaben (vgl. KOCH 1996, S. 61F / LEFEBVRE & SARIDIS
1992, S. 2745)*

Das vorliegende Konzept des Führungsrechners befaßt sich mit der Organisati-
ons- sowie der Koordinationsebene. Es setzt auf einer bereits bestehenden hard-
warenahen Ausführungsebene mit intelligenten Aktoren und Sensoren auf. Für
diese Einzelkomponenten werden nur die Anforderungen zur aufwandsminimier-
ten Einbindung in das Gesamtkonzept aufgestellt. Des weiteren wird auf Methoden zur intelligenten Umgebungsdatenverarbeitung aufgebaut, beispielsweise zur
sensordatenabhängigen Erzeugung kollisionsfreier Roboterprogramme (vgl.
KUGELMANN & REINHART 1994, S. 349).

4.4   Die Organisationsebene

4.4.1   Aufgaben der Organisationsebene

Die Organisationsebene stellt die Schnittstelle zwischen dem Auftraggeber und
der autonomen Einheit dar (siehe Bild 4.4).

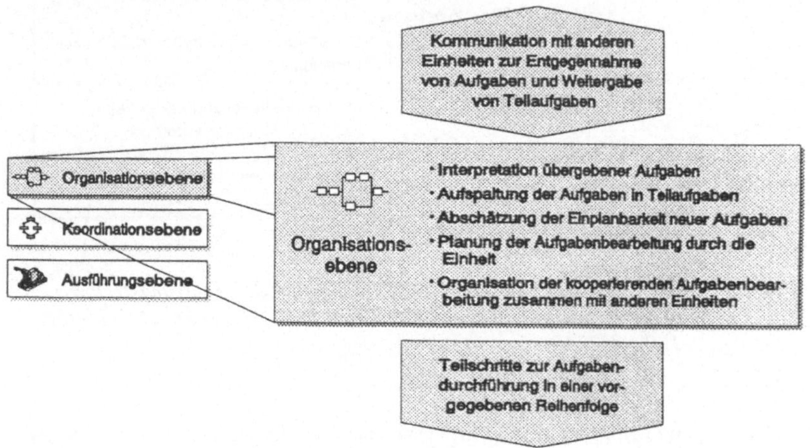

Bild 4.4 :   Aufgaben der Organisationsebene

Bei einer zentral durchgeführten Planung wird die Aufgabenbearbeitung durch
ein zentrales Leitsystem angeordnet. Bei der in dieser Arbeit betrachteten verteilten Planung, die in Zusammenarbeit aller betroffenen Einheiten durchgeführt
wird, ist jedoch ein intensiver Informationsaustausch zwischen den Einheiten
notwendig. Die Durchführung der für den Informationsaustausch notwendigen
Kommunikation ist die primäre Aufgabe der Organisationsebene. Weiter muß sie
die übergebenen Aufgaben interpretieren, in Teilschritte aufspalten und abschät-
zen, ob eine korrekte Aufgabendurchführung nach den Spezifikationen des Auftraggebers möglich ist. Abschließend muß sie die neuen Teilschritte endgültig
einplanen. Hierfür muß sie nicht nur den Einsatz aller internen Komponenten

(Aktoren, Sensoren) planen, sondern diese Planungen auch mit anderen für die Aufgabenbearbeitung benötigten Einheiten koordinieren.

4.4.2 Anforderungen an die Organisationsebene

Um bei der verteilten Planung in einer Produktion die anfallenden Aufgaben effektiv an die dafür geeigneten Einheiten verteilen zu können, muß die Organisationsebene jeder Einheit mehrere Anforderungen erfüllen (siehe Bild 4.5):

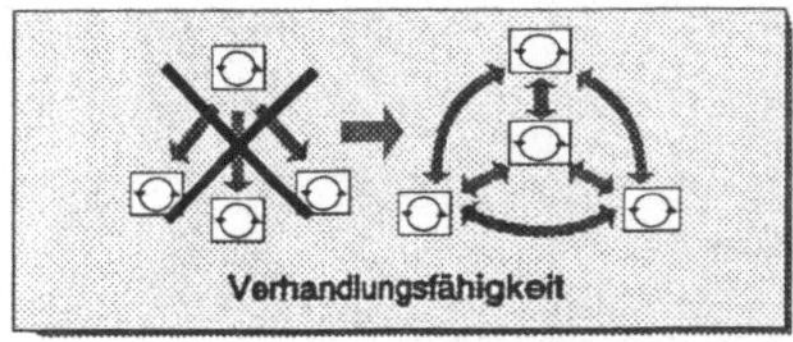

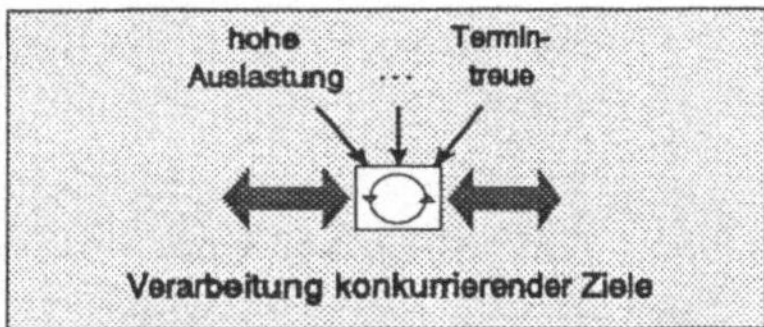

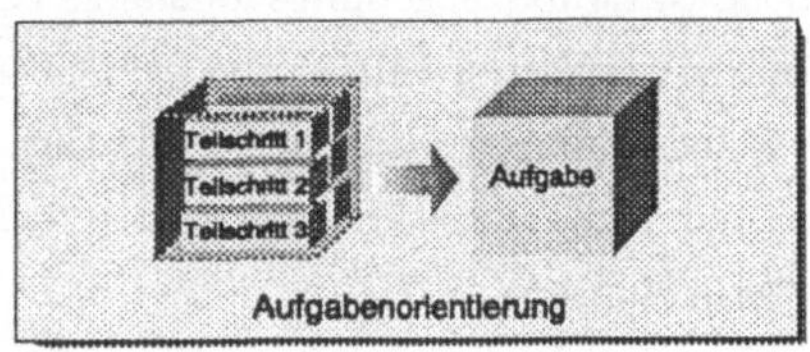

Bild 4.5 :   Anforderungen an die Fähigkeiten zur Aufgabenübernahme und zum Aufgabenverständnis

Verhandlungsfähigkeit: Jede autonome Einheit eines Produktionssystems muß fähig und bereit sein, sich bei Verhandlungen für die Aufgabenverteilung konstruktiv an der Lösung der gemeinsamen Aufgaben zu beteiligen.

Verarbeitung konkurrierender Ziele: Die globalen Zielvorgaben für die Auftragsausführung müssen von allen Einheiten eines Produktionssystems beachtet werden. Einzelne Einheiten müssen dabei auch lokal gesehen suboptimale Entscheidungen akzeptieren (REINHART & PISCHELTSRIEDER 1995, S. 18). Es müssen auch mehrere, unter Umständen in Konflikt zueinander stehende Teilziele parallel verfolgt werden können (HÖRMANN 1991, S. 2).

Aufgabenorientierung: Jede autonome Einheit muß nach der Aufgabenübernahme auch die Fähigkeiten zur Interpretation der Aufgaben besitzen, da häufig nicht wie bei herkömmlich formulierten Aufträgen, alle Teilschritte zur Auftragsdurchführung angegeben sind. Die Aufträge liegen als aufgabenorientierte Aufträge vor. Ein autonomes System muß diese aufgabenorientierten Zielvorgaben ohne menschliche Eingriffe in Teilschritte auflösen und verarbeiten können (KOCH 1996, S. 33).

4.5   Die Koordinationsebene

4.5.1   Aufgaben der Koordinationsebene

Die Koordinationsebene ist für die umgebungsabhängige Durchführung der von der Organisationsebene vorgegebenen Teilschritte verantwortlich. Sie muß selbständig bestimmen, welche Komponentenbefehle zur Durchführung notwendig sind und die Aktoren und Sensoren dementsprechend während der Aufgabenbearbeitung ansteuern (siehe Bild 4.6).

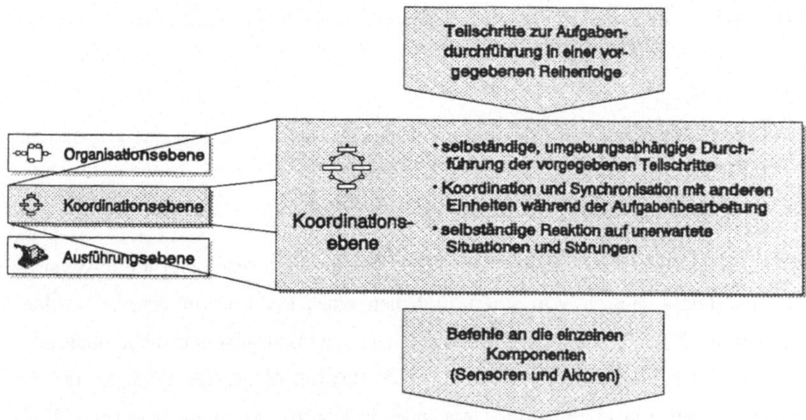

Bild 4.6 :   Aufgaben der Koordinationsebene

Darüber hinaus muß die Koordinationsebene bei Aufgaben, die kooperativ in Zusammenarbeit mit anderen Einheiten durchgeführt werden, während der Aufgabenbearbeitung eine Synchronisation mit den anderen Einheiten vornehmen.

Treten Störungen bei einer Komponente auf, so ist es Aufgabe der Koordinationsebene, eine angepaßte Reaktion aller Komponenten der autonomen Einheit sicherzustellen. Beispielsweise muß nach dem Ausfall eines Roboterarms eines Zweiarmroboters auch der zweite Arm gestoppt werden, um Kollisionen mit dem defekten Arm zu vermeiden.

4.5.2   Anforderungen an die Koordinationsebene

Zur Gewährleistung einer selbständigen Aufgabendurchführung muß die Koordinationsebene mehrere Anforderungen erfüllen (siehe Bild 4.7):

Verantwortungsübernahme: Eine autonome Einheit muß die Verantwortung für die korrekte Durchführung der angenommener Aufgaben übernehmen. Die Integration von Qualitätssicherungsaufgaben in die Einheiten ist deshalb ein wesentlicher Bestandteil einer dezentralen Prozeßführung.

Externe Störungstoleranz: Um vorgegebene Aufgaben trotz veränderlicher oder gestörter Umgebung zuverlässig erfüllen zu können, müssen autonome Einheiten auch mit unsicheren und unvollständigen Umgebungsdaten die Entscheidungen treffen können, die für ein zuverlässiges Handeln in dieser Umgebung notwendig sind.

Interne Störungstoleranz: Jede autonome Einheit muß zur Eigenkritik fähig sein, wenn zentral gespeicherte Umgebungsdaten wesentlich vom eigenen, sensorisch ermittelten Weltbild abweichen (HUHN 1991, S.23). Ausfälle von Systemkomponenten sollten nur zu einer Leistungsminderung des Gesamtsystems führen. Selbst im Falle schwerwiegender Systemfehler sollte es noch möglich sein, das System in einen definierten Zustand zu bringen (HÖRMANN 1991, S. 2).

Adaption: Eine autonome Einheit muß die Fähigkeit haben, sich an ihre Umgebung anzupassen (KOCH 1996, S. 33). Dies geschieht sowohl durch die Nutzung aktuellen gespeicherten Umgebungswissens als auch durch die Anpassung der Verhaltensweise an das sensorisch und kommunikativ erfaßte Verhalten anderer autonomer Einheiten.

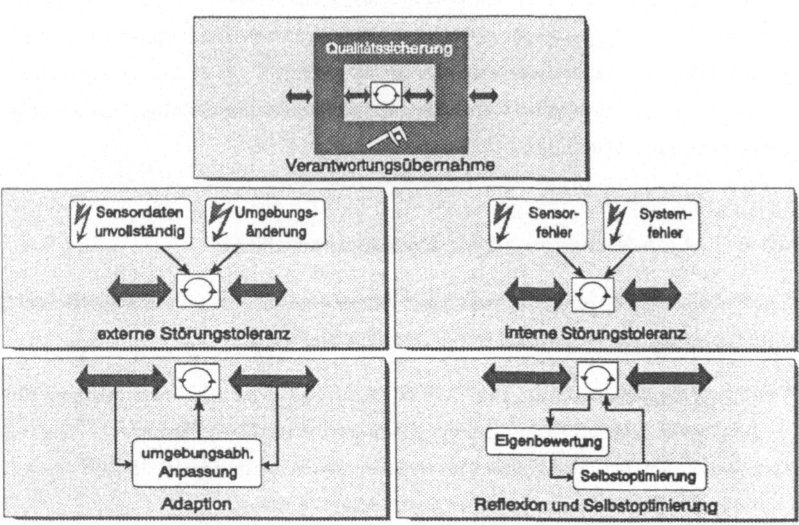

Bild 4.7 :   *Anforderungen an die Fähigkeiten zur selbständigen Aufgabenausführung*

Reflexion: Als Grundlage einer selbständigen Optimierung muß sich jede autonome Einheit selbst beobachten und den Erfolg ihrer Handlungen bewerten können (KOCH 1996, S. 34). Die Ergebnisse der Bewertung müssen auf die einzelnen Teilschritte der durchgeführten Handlungen zurückgeführt werden, um gezielt Schwachstellen der Aufgabenausführung herausfinden zu können.

Selbstoptimierung: Gefundene Schwachstellen bei der Aufgabenausführung müssen bei der Bearbeitung zukünftiger Aufträge beachtet werden. Ein Lernen kann sowohl durch die bloße Optimierung von Parametern der Ausführungssteuerung als auch durch die selbständige Ableitung neuer Aufgabenausführungsalgorithmen durchgeführt werden.

Neben diesen Anforderungen an ein selbständiges Arbeiten der autonomen Einheit müssen weitere Anforderungen an die Koordinationsebene gestellt werden, damit Aufgaben auch kooperativ in Zusammenarbeit mit anderen autonomen Einheiten bearbeitet werden können (siehe Bild 4.8):

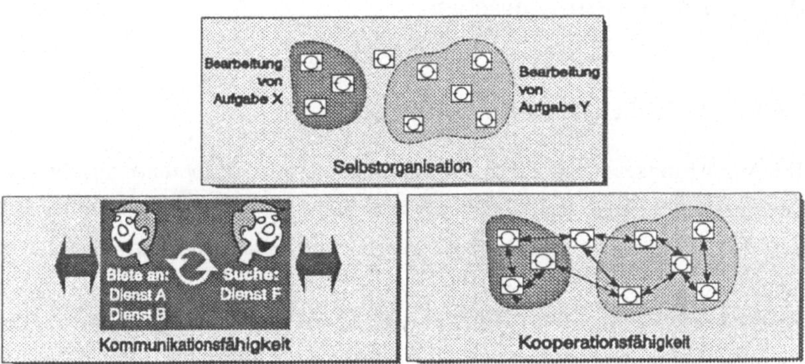

Bild 4.8 :   Anforderungen an die Fähigkeiten zur kooperativen Ausführungssteuerung

Selbstorganisation: Autonome Einheiten müssen die Fähigkeit haben, sich für die gemeinsame Durchführung von Aufgaben mit anderen autonomen Einheiten zu gruppieren.

Kommunikationsfähigkeit: Kommunikation erleichtert bei der Selbstorganisation die konsistente Weltsicht der interagierenden autonomen Einheiten (Problemidentifikation) und darauf aufbauend, eine kooperierende Problemlösung (HUHN 1991, S. 22). Alle Einheiten eines Produktionssystems müssen deshalb eine klar definierte Schnittstelle anbieten, über die Dienstleistungen von ihnen angefordert werden können (FISCHER 1993, S. 45FF).

Kooperationsfähigkeit: Die kooperierende Aufgabenausführung mehrerer lokal entscheidender Einheiten führt nur zu einem global optimalen Ergebnis, wenn die Entscheidungen aufeinander abgestimmt sind. Bei der Entscheidungsfindung muß jede autonome Einheit deshalb versuchen, mit Hilfe der ihr zur Verfügung stehenden Informationen die Auswirkungen ihrer lokalen Entscheidungen auf andere Einheiten und vor allem auf das Gesamtergebnis abzuschätzen.

4.6 Die Ausführungsebene

4.6.1 Aufgaben der Ausführungsebene

Die Ausführungsebene ist für die Ausführung der von der Koordinationsebene an die einzelnen Komponenten ausgegebenen Befehle verantwortlich (siehe Bild 4.9). Jede Komponente darin muß sich, soweit möglich. selbst überwachen. Werden Störungen detektiert, so sind diese an die Koordinationsebene zu melden. Zur Unterstützung der daraufhin in der Koordinationsebene ausgelösten Störungsbehandlung muß jede Einheit über eine umfangreiche Schnittstelle verfügen. die die Abfrage möglichst vieler zur Störungsbehandlung notwendiger Informationen erlaubt.

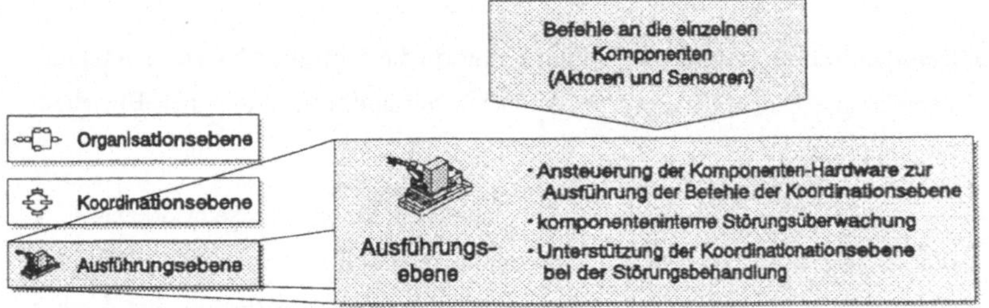

Bild 4.9 :   Aufgaben der Ausführungsebene

4.6.2 Anforderungen an die Ausführungsebene

Zur problemlosen Einbindung verschiedener Aktoren und Sensoren in einen mobilen Roboter, müssen mehrere Anforderungen erfüllt werden:

Einheitliche Schnittstellen: Die Algorithmen zur Ansteuerung der Ausführungsebene durch die Koordinationsebene sollten möglichst wenig an die spezifische Hardware angepaßt werden müssen. Deshalb sollte neben einer einheitlichen physikalischen auch eine einheitliche logische Schnittstelle von allen Komponenten angeboten werden. Ein Beispiel einer solchen logischen Schnittstelle bieten die MMS-Companions (ISO 9506, TEIL 1-3, 1990).

Entkopplung: Die Schnittstellen zwischen Koordinations- und Ausführungsebene sollen die Aktoren und Sensoren bei Störungen vom Führungsrechner entkoppeln. Bei der Implementierung der Schnittstellen ist deshalb darauf zu achten, daß sich eine gestörte Komponente neutral verhält und den gemeinsamen Kommunikationskanal mehrerer Aktoren und Sensoren nicht blockieren kann.

Aktive Unterstützung der Störungsbehandlung: Soweit der Kommunikationskanal zu einem Aktor bzw. Sensor noch funktionsfähig ist, sollte der Aktor bzw. Sensor während einer Störung die Suche nach der Störungsursache unterstützen. Zur Suche von Störungsursachen sollte jeder Aktor und Sensor deshalb Dienste anbieten, über die Diagnosefunktionalitäten aufgerufen werden können. Darüber hinaus sollte eine kontinuierliche Eigenüberwachung auftretende Störungen auch ohne Anforderung detektieren, damit diese automatisch an die Koordinationsebene gemeldet werden können.

5 Feinkonzept des Führungsrechners

5.1 Übersicht

Aufbauend auf der im vorigen Kapitel beschriebenen hierarchischen Strukturierung des Führungsrechners wird in diesem Kapitel ein Überblick über das gesamte Konzept gegeben. Die Organisationsebene wird in drei Grundmodule eingeteilt: die *Kommunikationssteuerung*, die *Aufgabentransformation* und die *Aufgabenplanung*. Die Koordinationsebene besteht nur aus der *Ausführungssteuerung*, die die *Aktoren und Sensoren* der Ausführungsebene steuert, d. h. sie koordiniert (siehe Bild 5.1). Die Schnittstellen dieser Module sowie ihre Funktionen werden erläutert.

Am Ende dieses Kapitels wird auf die Anbindung der Ausführungsebene an die Organisations- und Koordinationsebene im Rahmen der normalen Aufgabenbearbeitung sowie der Störungsbehandlung eingegangen.

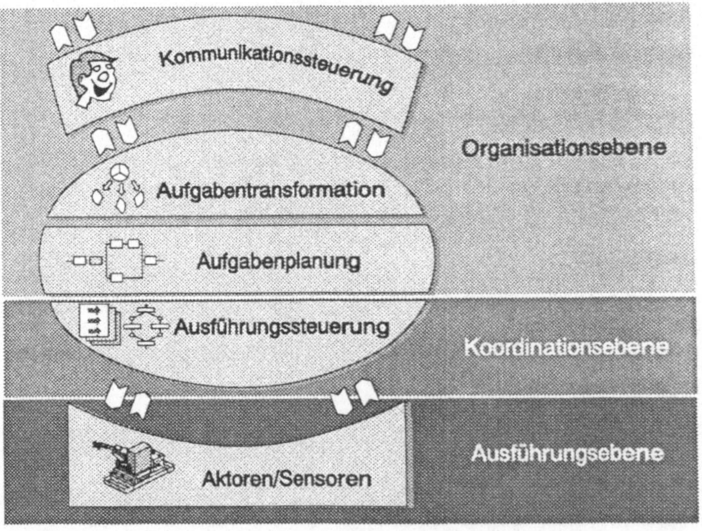

Bild 5.1 :   Überblick über die Module des Führungsrechners

5.2   Aufbau und Funktionsweise der Organisationsebene

5.2.1   Strukturierung der Organisationsebene

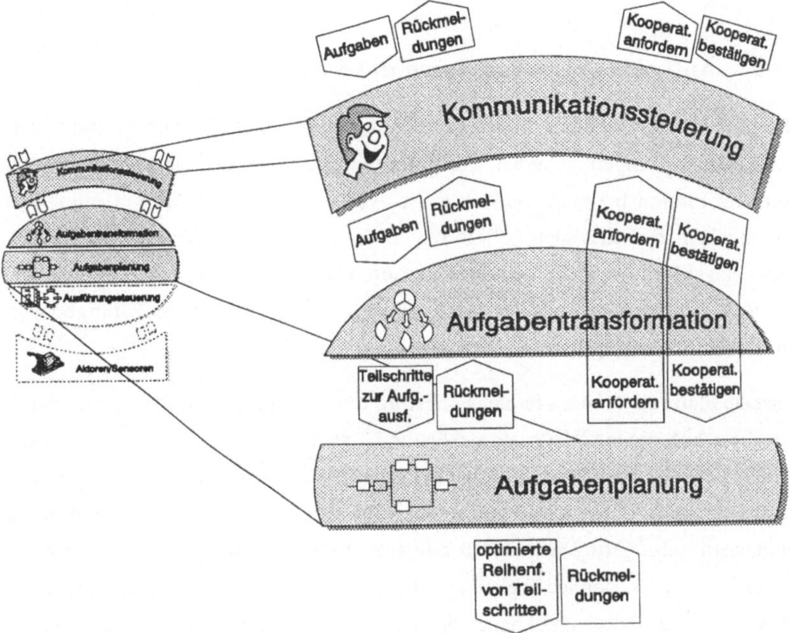

Bild 5.2 :   Die Organisationsebene des Führungsrechners

Die Organisationsebene ist aufgeteilt in die Kommunikationssteuerung, die Aufgabentransformation und die Aufgabenplanung. Die *Kommunikationssteuerung* führt alle für die Aufgabenverteilung und -annahme notwendigen Verhandlungen durch. Zur Bearbeitung neu eintreffender Aufgaben gibt sie diese an die *Aufgabentransformation* weiter (siehe Bild 5.2), wo die Aufgaben in besser einplanbare sowie ausführbare Teilschritte umgewandelt werden. Anschließend wird die Bearbeitungsreihenfolge der Teilschritte durch die *Aufgabenplanung* optimiert. Außerdem werden zur Vorbereitung der Einheit auf die Aufgabenbearbeitung

Rüstaufträge (z. B. Greiferwechsel) eingefügt. Dabei plant die Aufgabenplanung nicht nur die von einem mobilen Roboter zu bearbeitenden Aufgaben ein, sondern koordiniert diese Planungen auch mit anderen Einheiten, mit denen eine kooperierende Aufgabenbearbeitung durchgeführt werden soll („Kooperationen anfordern" sowie „Kooperationen bestätigen" in Bild 5.2).

5.2.2 Aufgabenübernahme durch die Kommunikationssteuerung

Bei einer herkömmlichen Auftragsverteilung durch eine zentrale Instanz sind keine Verhandlungen zwischen Auftraggeber und Auftragnehmer notwendig. Verteiltes Planen beinhaltet jedoch mehr Aktivitäten als nur das Verteilen von Teilaufgaben, die anschließend von den individuellen Einheiten in ihre lokalen Pläne eingeplant werden. Verteiltes Planen impliziert immer eine aktive, verzahnte Beteiligung der verschiedenen autonomen Einheiten beim Erlangen von einvernehmlichen Ergebnissen (MARTIAL 1993, S. 95).

Verteilte Planung kann als Implementierung eines Planungsalgorithmus für Parallelrechner auf einem Workstation-Cluster betrachtet werden. Aus der Sicht der Parallelrechentechnik handelt es sich bei einem Workstation-Cluster aber um eine Realisierungsart, deren Kommunikationsdurchsatz verglichen mit richtigen Parallelrechnern sehr gering ist, so daß nur sehr kommunikationsarme Algorithmen eingesetzt werden können (vgl. BURKHARDT U.A. 1993, S. 17F). Planungsalgorithmen für Parallelrechner können deshalb nur sehr eingeschränkt auch in einem Rechnerverbund aus mehreren autonomen Einheiten eingesetzt werden.

Da die autonomen Einheiten für die Planung essentielle Informationen austauschen und verarbeiten, müssen Ansätze für verteiltes Planen auch die entsprechenden Verhandlungsprotokolle für den Informationsaustausch beinhalten (MARTIAL 1993, S. 95). Solche Verhandlungen benötigen aber nicht nur Bandbreite auf einem Kommunikationsmedium, sondern die Verarbeitung der Nachrichten bindet auch einen Teil der Datenverarbeitungsressourcen jeder autonomen Einheit. Aus diesem Grund muß der Kommunikationsumfang bei den Verhandlungen zur Aufgabenverteilung soweit wie möglich eingeschränkt werden, damit lange Verhandlungen nicht die Aufgabenbearbeitung blockieren. Sehr allgemein formulierte Verhandlungskonzepte, bei denen Lösungen unter Umständen erst nach vielen Iterationsschleifen gefunden werden (wie z. B. CHANG & WOO 1992, S. 31FF), scheiden aus diesem Grund für diese Anwendung aus. Um eine verteilte Planung zu ermöglichen, muß deshalb ein effizientes, an das Problem angepaßtes Verhandlungsprotokoll entwickelt werden.

Das verteilte Planen in einer Produktionsanlage mit vielen autonomen Einheiten ist ein relativ neues Forschungsgebiet, so daß hier noch nicht auf der Erfahrung bereits realisierter Ansätze aufgebaut werden kann. Es wird deshalb oft auf Lösungen aus Forschungsgebieten mit ähnlichen Problemen zurückgegriffen. Die dort entwickelten Verhandlungsprotokolle sind aber immer auf das jeweilige Anwendungsgebiet abgestimmt, d.h. die wesentlichen Teile sind nicht allgemeingültig konzipiert.

Das *Contract-Net-Protokoll* von SMITH (1988) bildet die Grundlage für viele Ansätze, in denen Verhandlungen notwendig sind (z. B. ASAM U. A. 1994, S. 819FF / BOCIONEK 1993, S. 146FF / FISCHER U. A. 1994, S. 185FF / LEVI & HAHNDEL 1993, S. 326FF). Es wurde zur schnellen, situationsangepaßten Verteilung von Datenverarbeitungsaufgaben und deren Koordination entwickelt. Allerdings wird dabei nur das Zuordnungsproblem gelöst. Das bedeutet, daß Aufgaben an Einheiten delegiert werden, die die zur Bearbeitung notwendigen Hilfsmittel zur Verfügung stellen. Probleme, wie z. B. die Behandlung von Interessenskonflikten oder die Aufgabenzerteilung, bleiben beim Contract-Net-Protokoll jedoch unberücksichtigt (FISCHER 1993, S. 37). Vor allem aber übernimmt der Auftragnehmer beim ursprünglichen Contract-Net-Protokoll nur dann eine neue Aufgabe, wenn die Bearbeitung der vorherigen abgeschlossen ist. Um ein nach logistischen Gesichtspunkten optimiertes Gesamtergebnis zu erhalten, muß aber bei der Produktionsplanung autonomer Einheiten jeder Auftragnehmer mehrere Aufgaben im voraus übernehmen und deren Bearbeitungsreihenfolge lokal optimieren. Das Contract-Net-Protokoll muß deshalb zur Realisierung einer verteilten Planung angepaßt werden. Aufgrund der vollkommen unterschiedlichen Planungsverfahren der Auftragnehmer sind die Resultate der Aufgabenverteilung mit dem ursprünglichen Contract-Net-Protokoll nicht mehr ohne weiteres auf das im Rahmen dieser Arbeit erweiterte Contract-Net-Protokoll übertragbar. Das ursprüngliche Contract-Net-Protokoll bietet aber eine gute Grundlage für die Organisation der Verhandlungen.

Im Idealfall sind bei der kooperierenden Aufgabenverteilung zur Weitergabe einer Aufgabe nur wenige Verhandlungsschritte notwendig. Beim Contract-Net-Protokoll fordert der Auftraggeber zunächst in einer *Aufgabenausschreibung* die Einheiten mit den notwendigen Fähigkeiten zur Abgabe eines Angebots für die Bearbeitung einer Aufgabe auf (Schritt ① in Bild 5.3). Die betroffenen Einheiten planen die Ausführung der Aufgabe ein. Diejenigen Einheiten, bei denen eine lokale Einplanung möglich ist, ohne Terminrestriktionen zu verletzen, erstellen *Angebote* (Schritt ②). Der Auftraggeber bewertet anschließend alle bis zu einem angegebenen Zeitpunkt eingetroffenen Angebote nach seinen Kriterien. Der Einheit mit dem besten Angebot wird ein *Zuschlag* erteilt (Schritt ③).

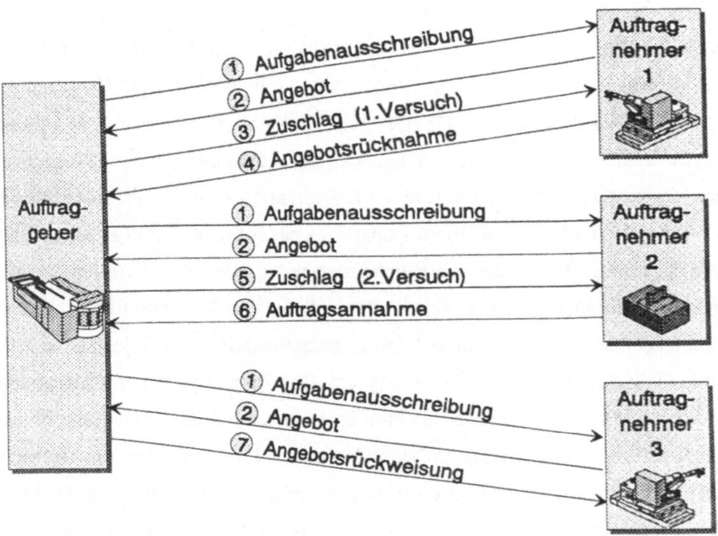

*Bild 5.3 :   Beispiel einer Aufgabenverteilung mit drei möglichen
              Auftragnehmern*

Um eine lokale Planung der Aufgabenbearbeitung zu ermöglichen, wird das Contract-Net-Protokoll für die Realisierung der verteilten Planung in dieser Arbeit erweitert. In der ursprünglichen Version des Contract-Net-Protokolls darf ein Auftragnehmer immer nur für eine Aufgabenbearbeitung ein verbindliches Angebot erstellen (SMITH 1988, S. 360). Erst wenn ein Angebot abgelehnt wurde oder die Bearbeitung einer Aufgabe beendet ist, darf ein neues Angebot erstellt werden.

Aufgrund der dezentralisierten Aufgabenverteilung bei der verteilten Planung können aber mehrere Aufgaben auch mit sich überschneidenden Bearbeitungszeiten gleichzeitig verhandelt werden. Exakte Planungen für die Erstellung von verbindlichen Angeboten sind unter diesen Umständen unmöglich. Deshalb erfolgt beim erweiterten Contract-Net-Protokoll bei der Angebotserstellung zunächst nur eine grobe Abschätzung der Einplanbarkeit. Erst beim Eintreffen eines Zuschlags werden die Teilschritte zur Aufgabenbearbeitung endgültig eingeplant, um sicherzustellen, daß die während der Angebotserstellung durchgeführten Terminabschätzungen richtig waren. In Erweiterung des herkömmlichen Contract-Net-Protokolls sendet der Auftragnehmer eine *endgültige Zusage der Aufgabenbearbeitung* an den Auftraggeber, falls die endgültige Einplanung der Aufgabe möglich ist, andernfalls eine *Rücknahme des Angebots*. Jetzt teilt der Auftraggeber allen anderen angebotserstellenden Einheiten die *Zurückweisung ihrer Angebote* mit.

Im Beispiel in Bild 5.3 lehnt Auftragnehmer 1 den Zuschlag ab (Schritt ④ in Bild 5.3). Daraufhin erhält Auftragnehmer 2, der das zweitbeste Angebot erstellt hatte, den Zuschlag (Schritt ⑤). Nachdem dieser den Auftrag endgültig angenommen hat (Schritt ⑥), wird das nicht mehr benötigte Angebot des Auftragnehmers 3 zurückgewiesen (Schritt ⑦).

Die *Kommunikationssteuerung* führt die Kommunikation nach dem beschriebenen Verhandlungsprotokoll durch. Sie arbeitet dabei zum einen als Auftragnehmer, wenn sie nach dem Erhalt einer Aussschreibung in Zusammenarbeit mit Aufgabentransformation und -planung für eine Angebotserstellung sorgt. Zum anderen fungiert sie aber auch als Auftraggeber, wenn sie auf Anweisung der Aufgabenplanung eine Ausschreibung für eine extern zu bearbeitende Teilaufgabe durchführt und selbständig das beste Angebot heraussucht.

5.2.3   Aufgabenexpansion durch die Aufgabentransformation

Ein mobiler Roboter soll über die Kommunikationssteuerung eine große Anzahl unterschiedlicher Aufgabenarten annehmen und selbständig ausführen können. Die Aufstellung von gesonderten Bearbeitungsalgorithmen für jede mögliche Aufgabenart würde eine sehr große Menge an Bearbeitungswissen innerhalb der Ausführungssteuerung erfordern. Zur Reduzierung der Anzahl von Aufgaben, die die Ausführungssteuerung bearbeiten muß, werden deshalb alle Aufgabenbearbeitungen auf eine kleine Anzahl von Grundoperationen zurückgeführt.

Die *Aufgabentransformation* spaltet hierfür die in einer Ausschreibung gegebenen Aufgaben in möglichst unabhängig voneinander auszuführende Teilaufgaben auf. Für jede Teilaufgabe bestimmt sie zusätzlich die für die Aufgabenbearbeitung benötigten Ressourcen, wie z. B. die benutzten Werkzeuge, sowie die erforderlichen Systemzustände, wie z. B. die Roboterposition oder den benötigten Robotergreifer, und übergibt sie als Bearbeitungsbedingungen der Teilaufgaben an die Aufgabenplanung.

5.2.4   Optimierung der Bearbeitungsreihenfolge durch die Aufgabenplanung

Die Aufgabenplanung bringt die von der Aufgabentransformation übergebenen Teilaufgaben in eine Reihenfolge, in der ein möglichst hoher Auftragsdurchsatz erreicht wird, aber trotzdem alle terminlichen Randbedingungen der Aufgaben erfüllt werden. Werden die Aufgaben mit Hilfe von Verhandlungen verteilt, so muß die Aufgabenplanung dabei zwei prinzipiell unterschiedliche Aufgaben bewältigen (vgl. Abschnitt 5.2.2). Zum einen ist bei der Bearbeitung einer Ausschreibung eine Abschätzung notwendig, ob eine Aufgabe innerhalb des vom Auftraggeber vorgegebenen Zeitrahmens durchführbar ist, zum anderen muß die Aufgabe nach Erhalt eines Zuschlags endgültig eingeplant werden. Deshalb wird die Aufgabenplanung aus zwei Modulen aufgebaut (siehe Bild 5.4).

Durch die *lokale Kapazitätsplanung* erfolgt beim Erstellen eines Angebots die Abschätzung, ob noch genügend Kapazitätsreserven für die Bearbeitung einer neuen Aufgabe vorhanden sind. Es erfolgt an dieser Stelle aber noch keine Anpassung der Bearbeitungsreihenfolge der bereits eingeplanten Aufgaben an die neue Aufgabe, da noch nicht abgeschätzt werden kann, ob das Angebot angenommen wird. Ist für die Aufgabenbearbeitung zusätzlich die Hilfe anderer autonomer Einheiten notwendig, so wird die Kommunikationssteuerung angewiesen, für diese extern durchführbaren Teilaufgaben Ausschreibungen durchzuführen. Konnte eine Möglichkeit zur termingerechten Ausführung der intern und extern zu bearbeitenden Teilaufgaben gefunden werden, so wird der Gesamtaufwand zur Aufgabenbearbeitung inklusive aller Rüstkosten abgeschätzt. Anhand dieser Daten wird ein Angebot erstellt und an die Kommunikationssteuerung weitergereicht, die es an den in der Ausschreibung genannten Auftraggeber absendet.

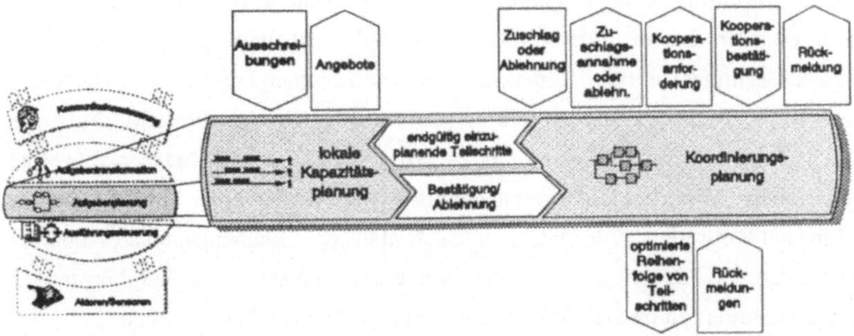

Bild 5.4 :   *Einbindung der Aufgabenplanung in den Führungsrechner*

Erst nach Erhalt eines Zuschlags erfolgt in der *Koordinierungsplanung* die endgültige Einplanung neuer Aufgaben. Die bei der Angebotserstellung durchgeführten Abschätzungen der Einplanbarkeit werden jetzt verifiziert, indem eine optimale Reihenfolge zur Bearbeitung sowohl der neuen als auch der bereits eingeplanten Teilschritte gesucht wird. Mit Hilfe spezieller Expansionsalgorithmen werden weitere Teilschritte zur Erfüllung der Bearbeitungsbedingungen der Teilaufgaben bestimmt und vor den betreffenden Teilaufgaben eingeplant, beispielsweise Verfahraufträge zum Einsatzort. Für die Planung der Durchführung extern auszuführender Teilaufgaben erfolgt die Annahme des besten Angebots sowie die Ablehnung aller anderen Angebote. Falls die Zuschläge für die extern auszuführenden Aufgaben angenommen werden und Möglichkeiten zur lokalen Aufgabeneinplanung vorhanden sind, wird die Aufgabe vom Führungsrechner endgültig angenommen, ansonsten abgelehnt. Zur Bearbeitung werden die einzelnen Teilschritte von der Koordinierungsplanung freigegeben, sobald alle Bedingungen hierfür erfüllt sind.

5.3 Aufbau und Funktionsweise der Koordinationsebene

5.3.1 Strukturierung der Koordinationsebene

Die Koordinationsebene im Führungsrechner wird durch eine *Ausführungssteuerung* realisiert, die die Aktoren und Sensoren der Ausführungsebene steuert. An die Ausführungssteuerung werden teilweise vollkommen konträre Anforderungen gestellt, da im Produktionsumfeld verschiedene Arten von Elementaraufträgen durchzuführen sind. Zum einen gibt es einfache Elementaraufträge mit weitgehend festem Ablauf, wie die routinemäßige Beschickung einer Bearbeitungsmaschine mit Rohteilen. Zum anderen müssen aber auch Elementaraufträge bearbeitet werden, bei denen, z. B. im Rahmen einer Störungsbehandlung, komplexe Entscheidungen zu treffen sind, um ein vorgegebenes Ziel zu erreichen.

Zur Formulierung und Darstellung der Algorithmen für die Bearbeitung einer Aufgabe gibt es mehrere Möglichkeiten. Eine Möglichkeit verwendet Ablaufnetze, wie z. B. zeitbehaftete Petri-Netze (siehe GLAS 1993, S. 109FF / HORMANN & REMBOLD 1991, S. 3). Feste Abläufe bei der Aufgabenausführung können auf diese Art sehr einfach und übersichtlich dargestellt werden. Jedoch erfordern Algorithmen zur Bearbeitung von Aufgaben, bei denen umfangreiche Entscheidungsprozesse notwendig sind, immens große Ablaufnetze, deren Komplexität kaum zu bewältigen ist. Bei der Lösung von Steuerungsaufgaben mit erhöhten Fehlertoleranz-Anforderungen durch Petri-Netze sind die Verwendung von 90 % des Umfangs der Petri-Netze für die Fehlerdetektion und Fehlerbehandlung keine Seltenheit (DUNGERN 1991, S. 43). In einem beispielhaften Entscheidungsdiagramm benötigt LEHMANN (1992, S. A7-A24) allein zur Behandlung der Störung „Teil fehlt in der Montage" 53 Entscheidungen.

Eine andere Möglichkeit zur Darstellung von Bearbeitungsalgorithmen sind Regeln. Sie geben an, wie sich eine autonome Einheit abhängig vom Zustand der Umgebung und abhängig von der bearbeiteten Aufgabe verhalten muß. Verarbeitet werden die Regeln in regelbasierten Systemen. Regelbasierte Systeme haben den Vorteil, daß sie eine Lösungsfindung auch in Bereichen ermöglichen, in denen nur schlecht oder unvollständig strukturierte Lösungskonzepte vorliegen, bzw. bei denen keine in sich konsistenten Lösungsalgorithmen vorliegen. Bei der Lösungsfindung ist auch die Einbeziehung von Wissen in genereller Form möglich (HARTMANN & LEHNER 1990, VORWORT), d.h. eine allgemein formulierte Regelmenge kann in vielen ähnlichen Situationen angewandt werden. Der Aufwand zur Implementierung mehrerer ähnlicher Algorithmen kann so stark eingeschränkt werden. Ein Nachteil dieser sehr flexibel einsetzbaren Regeln ist ihre im Vergleich zu Ablaufnetzen unübersichtliche Darstellung von Ablaufalgorithmen, besonders bei fest vorgegebenen Abläufen mit wenigen Ablaufbedingungen. Ein weiteres Problem stellt die Konsistenz und Beherrschbarkeit großer Regelmengen dar. Der Hauptnachteil der regelbasierten Systeme ist jedoch ihr undefiniertes zeitliches Verhalten bei der Regelbearbeitung, da die Anzahl der in der jeweiligen Situation zu bearbeitenden Regeln nicht vorhersehbar ist. Mathematische Analysen der Verarbeitungskomplexität sind daher nicht möglich (HEIN 1991, S. 216), so daß regelbasierte Systeme keine obere Grenze für die Reaktionszeit garantieren können. Sie sind somit nicht echtzeitfähig und können nicht zur Steuerung zeitkritischer Prozesse eingesetzt werden.

Ein Teil der für die Steuerung eines mobilen Roboters notwendigen Algorithmen kann einfacher durch Regeln, ein anderer Teil einfacher durch Petri-Netze dargestellt werden. Deshalb sollen die Vorteile beider Ansätze genutzt werden, indem die Ausführungssteuerung als Kombination von *regelbasierten System* und *Netzinterpreter* aufgebaut wird (siehe Bild 5.5).

Die schwierige Entscheidung, wann das regelbasierte System und wann der Netzinterpreter eingesetzt wird, hängt von vielen Faktoren ab und kann nur vom regelbasierten System getroffen werden. Deshalb werden alle Elementaraufträge zunächst dort eingelastet. Muß eine bekannte Folge von Anweisungen ausgeführt werden, die durch ein Ablaufnetz einfacher darzustellen ist, ruft das regelbasierte System den Netzinterpreter auf. Die Störungsbehandlung hingegen wird wegen der vielfältigen dort zu treffenden Entscheidungen grundsätzlich im regelbasierten System durchgeführt. Es ist gleichgültig, ob die Störung dort oder im Netzinterpreter erkannt wurde. Im zweiten Fall wird die Störungsmeldung unverarbeitet vom Netzinterpreter an das regelbasierte System weitergegeben.

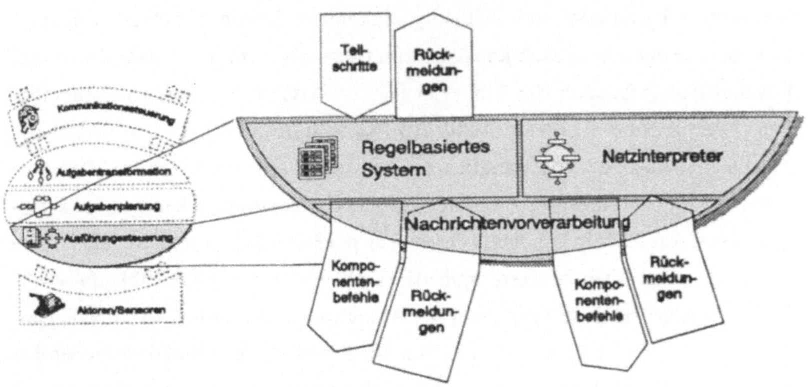

Bild 5.5 :   Einbindung der Bestandteile der Koordinationsebene in den Führungsrechner

Sowohl die Aufgabenbearbeitung als auch die Fehlerbehandlung wird primär vom regelbasierten System gesteuert. Herkömmliche regelbasierte Systeme werden jedoch im Allgemeinen zur interaktiven Unterstützung eines Bedieners bei der Problemlösung genutzt und besitzen aus diesem Grund in der Regel nicht die zur Prozeßsteuerung notwendige Kommunikationsschnittstelle. Sie müssen dementsprechend erweitert werden. Darüber hinaus müssen sicherheitsrelevante Entscheidungen, wie die Reaktion auf bestimmte Fehlermeldungen, jederzeit in Echtzeit getroffen werden können. Wie bereits erwähnt, haben regelbasierte Systeme jedoch kein deterministisches Zeitverhalten. HERDEN U. A. (1992, S. 213) schlagen deshalb die Einbindung solcher wissensbasierter Programme in prozedural programmierte Applikationen vor, da sie keine Möglichkeit zur vollstandig wissensbasierten Realisierung von Steuerungssystemen in der Automatisierungstechnik sehen.

Aus den oben genannten Gründen wird in der Ausführungssteuerung eines mobilen Roboters neben dem regelbasierten System und dem Netzinterpreter eine zusätzliche Instanz benötigt, die in sicherheitstechnisch kritischen Situationen in Echtzeit reagiert. Diese Instanz wird als *Nachrichtenvorverarbeitung* bezeichnet. Sie führt eine Vorverarbeitung aller beim regelbasierten System eintreffenden Meldungen der Sensor-/Aktorebene und der Nachrichten von anderen autonomen Einheiten durch und sucht dabei die sicherheitstechnisch relevanten Meldungen heraus (siehe Bild 5.5). Bei kritischen Meldungen reagiert sie sofort mit entsprechenden Notmaßnahmen.

5.3.2   Die Nachrichtenvorverarbeitung

Die Nachrichtenvorverarbeitung führt mit jeder von den Sensoren und Aktoren eintreffenden Nachricht eine Vorverarbeitung durch, um festzustellen, ob eine sofortige Reaktion erforderlich ist. In diesen Fällen sendet sie die zur Beseitigung der kritischen Situation notwendigen Steuerbefehle ohne Rücksprache mit dem regelbasierten System sofort an die betroffenen Komponenten. Die Nachrichtenvorverarbeitung wird also quasi als intelligente Schnittstelle der Ausführungssteuerung zu den Sensoren und Aktoren aufgebaut, damit sie auf sicherheitstechnisch kritische Nachrichten sofort nach ihrem Eintreffen reagieren kann. Unkritische Störungsmeldungen gibt sie jedoch ohne eine eigene Reaktion an das regelbasierte System oder den Netzinterpreter weiter.

Darüber hinaus puffert die Nachrichtenvorverarbeitung alle Nachrichten an das regelbasierte System, solange das regelbasierte System mit der Bearbeitung einer anderen Nachricht beschäftigt und noch nicht zum Aufnehmen neuer Nachrichten bereit ist. Um der Nachrichtenvorverarbeitung einen Überblick über den Zustand des Gesamtsystems zu geben, werden neben den Nachrichten an das regelbasierte System auch Nachrichten zwischen dem Netzinterpreter und den Sensoren und Aktoren registriert.

5.3.3   Komplexe Entscheidungsfindung im regelbasierten System

Im Führungsrechner trifft das regelbasierte System eine Vielzahl komplexer Entscheidungen. Zum einen muß es die Bearbeitung der einzelnen eingelasteten Teilschritte koordinieren. Hierfür führt es komplexe Teilschritte selbst durch, gibt aber einfache Teilschritte an den Netzinterpreter zur Bearbeitung weiter (vgl. Abschnitt 5.3.1). Zum anderen bearbeitet das regelbasierte System mit Berücksichtigung der von der Nachrichtenvorverarbeitung bereits ausgelösten Sofortmaßnahmen sämtliche von den Sensoren und Aktoren gemeldeten Störungen.

Im Gegensatz zu einem benutzerorientierten herkömmlichen Expertensystem ohne die Möglichkeit zur Übernahme und Verarbeitung von Prozeßdaten wird das prozeßorientierte regelbasierte System im Führungsrechner sowohl für die Aufgabenbearbeitung als auch für die Störungsbehandlung mit einer umfangreichen Schnittstelle zum Datenaustausch mit der Umgebung ausgestattet (vgl. HARTMANN & LEHNER 1990, S.24). Hierüber wird das Wissen, das während der Aufgabenbearbeitung und Störungsbehandlung notwendig ist, gezielt angefordert.

5.3.4   Bearbeitung einfacher Teilaufträge im Netzinterpreter

Der Netzinterpreter bietet dem regelbasierten System die Bearbeitung einer definierten Menge parametrierter Grundoperationen an. Ein Beispiel hierfür ist die Bestückung einer Bearbeitungsmaschine durch einen mobilen Roboter unter Anwendung einer vorgegebenen Reihe von Kommandos zur Synchronisation des mobilen Roboters mit einer Bearbeitungsmaschine. Der Netzinterpreter kann dabei mehrere Sensor- und Aktorkomponenten parallel ansteuern.

Etwaige Störungsmeldungen kann der Netzinterpreter nicht selbständig behandeln. Er gibt sie deshalb über eine spezielle Schnittstelle an das regelbasierte System weiter, damit dort eine Entscheidung über das weitere Vorgehen getroffen werden kann.

5.3.5   Unterstützung der Koordinationsebene bei der Speicherung und Verarbeitung von Umgebungsdaten

Die Bearbeitung von Aufgaben ist abhängig vom Zustand der Umgebung. Umgebungsdaten sensorisch zu bestimmen, ist aber oft sehr zeitintensiv, in vielen Fällen überhaupt nicht möglich. Beispielsweise kann ein mobiler Roboter nicht berührungslos bestimmen, ob Teile nur aufeinander liegen oder ob sie verklebt bzw. verschraubt sind. Aus diesem Grund werden alle bekannten Umgebungsdaten systematisch in einer Umgebungsdatenbank gespeichert. Umgebungsdaten können dann auch als Vorwissen für eine effiziente Sensordatenverarbeitung genutzt werden.

In der Umgebungsdatenbank muß sehr verschiedenartiges Wissen gespeichert werden. Um bei der Aufgabenbearbeitung eine möglichst verzögerungsfreie, reflexive Reaktion auf Beobachtungen sicherstellen zu können, werden *unverarbeitete Sensordaten* benötigt (WALLNER & DILLMANN 1994, S. 239). Die echtzeitfähige Prädiktion von Sensordaten hingegen erfordert *vorverarbeitete Sensordaten* (RUß & FÄRBER 1993, S. 451FF). Zusätzlich werden *geometrische Informationen* der lokalen Einsatzumgebung für die Wegeplanung (Z. B. SERRADILLA & KUMPEL 1989, S. 972FF) sowie für die Planung der Handhabungsvorgänge (Z. B. KUGELMANN & REINHART 1994, S. 350 / STETTER 1994, S. 20FF) vorausgesetzt. Darüber hinaus ist eine *topologische Umweltbeschreibung* des gesamten Einsatzbereichs für eine symbolische Verarbeitung von Umgebungsdaten erforderlich (KNIERIEMEN 1991, S. 179FF). Aufgrund der unterschiedlichen Datenarten ist es sinnvoll, die Umgebungsdatenbank in mehrere voneinander unabhängige Ebenen mit Daten unterschiedlichen Abstraktionsgrades zu unterteilen, wie es beispielsweise BURSCHKA U. A. (1995, S. 133FF) oder JÖRG U. A. (1993, S. 372F) zeigen. Abhängig vom Abstraktionsgrad, mit dem eine Aufgabe gerade in der Koordinationsebene behandelt wird, können die gewünschten Informationen von der betroffenen Ebene abgefragt werden.

Zusätzlich muß die Umgebungsdatenbank Dienstleistungen zur Ausgabe des gespeicherten Wissens in jeder gewünschten Form anbieten. Besonders wichtig sind weitergehende umgebungsabhängige Dienstleistungen, die auf den gespeicherten Daten aufbauen. Beispielsweise ist es nicht möglich, Greifprogramme für einen

Roboterarm, wie sonst üblich, vor dem Produktionsprozeß offline zu erzeugen, da Roboterprogramme alle aktuellen Hindernisse in der Umgebung eines mobilen Roboters berücksichtigen müssen (KUGELMANN & REINHART 1994, S. 349). So können der Umgebungsdatenbank Algorithmen zur umgebungsabhängigen Generierung kollisionsfreier Greifprogramme gleich von einem 3D-Simulationssystem angeboten werden (KUGELMANN U. A. 1993, S. 159F).

Aufgrund ihrer Komplexität wird die Umgebungsdatenbank in dieser Arbeit immer als Ganzes betrachtet. Alle von Sensoren ermittelten bzw. bei anderen Einheiten abgefragten Umgebungsdaten werden dort von der Ausführungssteuerung parallel zur Aufgabenbearbeitung eingetragen und bei Bedarf wieder abgefragt.

5.4   Elemente der Ausführungsebene

Wie bereits in Kapitel 4.2 erläutert, wird die Auswahl der Aktoren gemäß den Anforderungen an die Manipulations- und Lokomotionsfähigkeiten eines mobilen Roboters durchgeführt. Hierbei kommen verschiedene Arten von Robotern sowie mobile Plattformen in Frage, die bereits in NABER (1991, S. 11FF) und KLIPPEL (1988, S. 58FF) behandelt wurden, und auf die deshalb nicht näher eingegangen werden soll.

Auch über den Umfang und die Art der einzusetzenden Sensoren sollen hier keine Angaben gemacht werden, da sie von der jeweiligen Einsatzumgebung eines mobilen Roboters abhängen. Ein beispielhafter Aufbau wird im Kapitel 8.2 beschrieben. Eine Voraussetzung, um symbolische Informationsverarbeitung durchführen zu können, sind jedoch Ansätze zur intelligenten symbolischen Sensordatenauswertung (z. B. LANSER U. A. 1995, S. 529FF). Nur so können vage beschriebene oder unerwartete Objekte in der Umgebung gefunden und die notwendigen Konsequenzen von der Ausführungssteuerung gezogen werden.

Sind eine Vielzahl von Sensoren zu koordinieren, so wird hierfür teilweise ein spezielles zwischengeschaltetes Sensorsteuerungsmodul eingesetzt. Beispiel hierfür sind die Sensoreinsatzplanung von WALLNER & DILLMANN (1994, S. 246F) oder das Multisensorsystem von FROHLICH U. A. (1991, S. 68FF). In solchen Fallen wird das Sensoransteuerungsmodul von der Ausführungssteuerung wie ein intelligenter parametrierbarer Sensor angesprochen.

5.5 Ablauf der Aufgabenbearbeitung

Anhand der in Bild 5.6 dargestellten Datenflüsse zwischen den in der Koordinationsebene vorhandenen Modulen soll in diesem Abschnitt noch einmal kurz eine Zusammenfassung der für die Aufgabenbearbeitung wesentlichen Details gegeben werden.

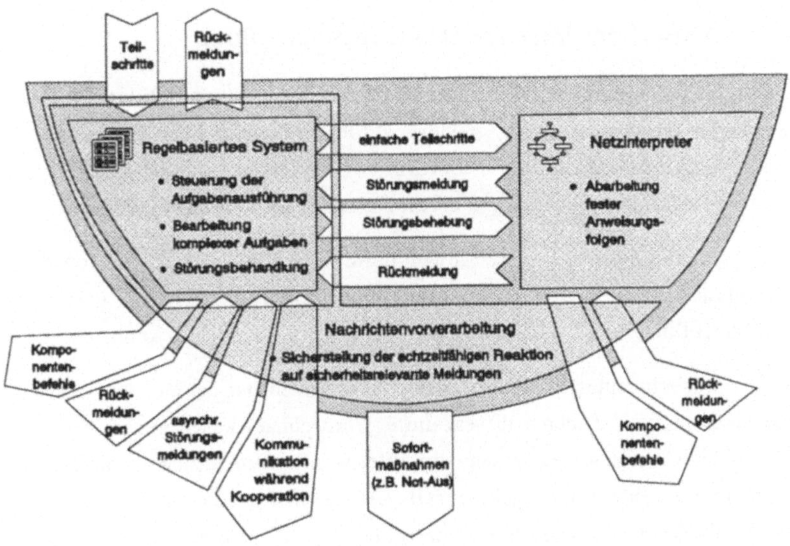

Bild 5.6 :   Struktur der Ausführungssteuerung

Sämtliche Teilschritte werden beim regelbasierten System eingelastet, da nur dort entschieden werden kann, ob es sich um einen einfachen Teilschritt handelt, der im Netzinterpreter ausgeführt werden soll oder um einen Teilschritt mit komplexen Entscheidungen, der direkt im regelbasierten System verarbeitet wird. Im ersten Fall gibt das regelbasierte System den Teilschritt an den Netzinterpreter weiter und wartet auf die Rückmeldung. Der Netzinterpreter sendet die im Ablaufnetz gespeicherten Komponentenbefehle an Aktoren und Sensoren und meldet das Ende der Ablaufnetzbearbeitung an das regelbasierte System. Komplexe Teilschritte werden im regelbasierten System bearbeitet. Dazu gehören Kooperationsaufgaben, bei denen die lokale Aufgabenbearbeitung mit einer anderen autonomen Einheit synchronisiert werden muß. Die hierfür notwendigen Kommunikationsschritte sind nicht immer vorhersehbar, so daß für diese Aufgabe die Flexibilität des regelbasierten Systems zur situationsangepaßten Reaktion genutzt wird.

5.6 Ablauf der internen Störungsbehandlung

Bevor in diesem Abschnitt auf die interne Störungsbehandlung mobiler Roboter eingegangen wird, muß zunächst geklärt werden, was unter einer *Störung* verstanden werden soll. Analog zur Definition von Fehlern durch BIRKEL (1995, S. 9) und der Definition von Störungen durch KOCH (1996, S. 12) wird definiert:

<u>Definition:</u> Eine *Störung* ist eine Abweichung vom Sollverhalten, die von der Beeinträchtigung der Funktionsfähigkeit der Systemkomponenten über die Nichterfüllung ihrer Funktion bis hin zu ihrer Zerstörung führen kann.

Die Störungsbehandlungen werden durch Nachrichten der Sensor- und Aktorsteuerungen ausgelöst, durch die erkannte Unregelmäßigkeiten gegenüber der störungsfreien Aufgabenbearbeitung gemeldet werden. Zunächst stößt die Nachrichtenvorverarbeitung die gegebenenfalls erforderlichen Sofortmaßnahmen an. Die anschließende Störungsbehandlung gliedert sich in *Störungslokalisierung* und *Störungsbehebung*. Die Störungslokalisierung wird im Führungsrechner noch weiter in die Phasen der Aufstellung von Hypothesen zur Störungsursache sowie deren Verifikation unterteilt (siehe Bild 5.7).

Die Störungsbehandlung muß in einem hierarchischen Planungs- und Steuerungssystem, wie dem Führungsrechner eines mobilen Roboters. in alle Ebenen integriert werden, damit Wissen jeden Abstraktionsgrades eingesetzt werden kann. In Bild 5.8 ist der Gesamtablauf der Störungsbehandlung in einem mobilen Roboter

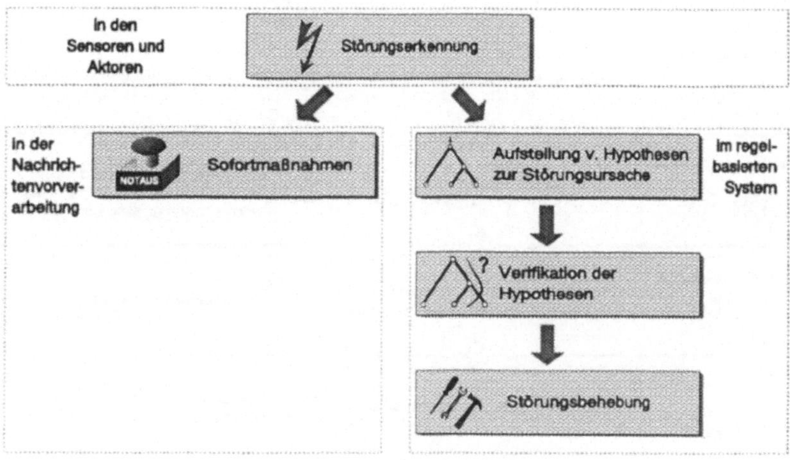

Bild 5.7 :   Phasen der Störungsbehandlung in einem mobilen Roboter

exemplarisch dargestellt. Wichtig dabei ist die Unterscheidung der Notaus-Behandlung in der Aktor-/Sensorebene und in der Koordinationsebene. In der Aktor-/Sensorebene wird immer nur ein einzelner Aktor betrachtet. Das bedeutet, daß ein Notaus hier immer nur den Aktor betrifft, dessen Überwachungssensoren die Störung gemeldet hatten. Auf der Koordinationsebene hingegen wird eine autonome Einheit als Ganzes betrachtet. So muß bei einem Zweiarmroboter nach der Störungsmeldung eines Roboterarms auch der andere Arm abgeschaltet werden.

Grundsätzlich sollte die Behandlung von Störungen immer auf der niedrigsten möglichen Ebene und in der kleinsten Einheit stattfinden. Dadurch besteht ein direkter Zugriff auf diagnoserelevante Daten, und es ergeben sich die kürzesten Reaktionswege (SCHÖNECKER 1992, S. 19 / STEIGER-GARCAO & CAMARINHA-MATOS 1989, S. 794). Die Störungsmeldung wird deshalb nur an die darüberliegende Ebene weitergereicht, falls die Störung auf der betreffenden Ebene nicht ausgeregelt werden kann (HERTZBERGER U. A. 1995, S. 195).

In der Koordinationsebene wird ein Großteil der Störungsbehandlung durchgeführt. Anhand der in Bild 5.6 dargestellten Datenflüsse läßt sich der Ablauf der

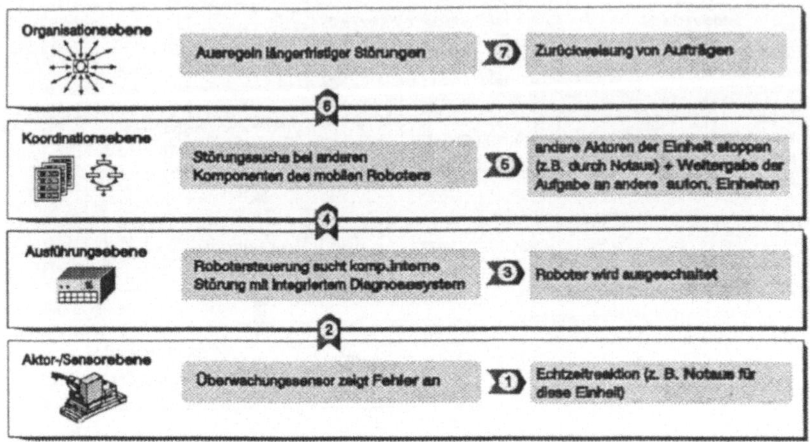

Bild 5.8 :   *Mehrstufige Störungsbehandlung ausgehend von der Fehleranzeige eines Überwachungssensors (Ziffern bezeichnen die Reihenfolge der Ausführung)*

Störungsbehandlung innerhalb der Koordinationsebene verfolgen. Tritt bei der Bearbeitung eines Komponentenbefehls eine Störung auf, so wird die Störungsmeldung anstatt einer Fertigmeldung an den jeweiligen Auftraggeber zurückgegeben. Zeitkritische Störungsmeldungen lösen bereits in der Nachrichtenvorverarbeitung die notwendigen Sofortreaktionen aus. Fungierte der Netzinterpreter als Auftraggeber, so gibt er die Störungsmeldung sofort an das regelbasierte System zur Bearbeitung weiter. Auf diese Weise werden alle Störungsmeldungen an das regelbasierte System weitergeleitet. Dieses stellt zunächst Hypothesen über die Störungsursache auf, verifiziert diese anschließend anhand von Umgebungs- und Komponentendaten und versucht, die Störung zu beheben. Bei vom Netzinterpreter gemeldeten Störungen wird zuletzt entschieden, ob die Bearbeitung des Ablaufnetzes fortgesetzt werden kann oder ob sie abgebrochen werden muß.

6   Die Kommunikations- und Planungs-funktionalität des Führungsrechners

6.1   Übersicht

Dieses Kapitel befaßt sich mit der Organisationsebene des Führungsrechners, also mit den Modulen des Führungsrechners, die für eine verteilte Aufgabenplanung erforderlich sind. Nach der Beschreibung des notwendigen Verhandlungsprotokolls folgt eine Darstellung der Schritte zur Umwandlung der Benutzeraufträge in ausführbare Teilschritte. Am Ende des Kapitels werden Möglichkeiten vorgestellt, die Abarbeitungsreihenfolge der Teilschritte zu planen und zu optimieren.

6.2   Kommunikationssteuerung für die Aufgabenübernahme

6.2.1   Problemstellung bei der Kommunikation

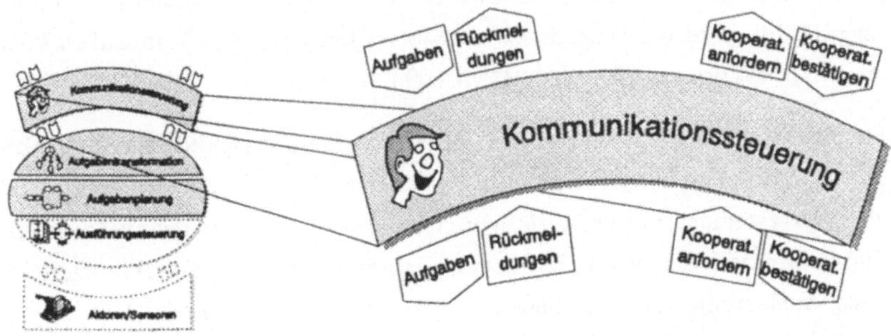

Bild 6.1 :   Einordnung der Kommunikationssteuerung in den Führungsrechner

Die Kommunikation mit anderen autonomen Einheiten zur Entgegennahme von Aufgaben muß genauso wie die Durchführung von Ausschreibungen zur Verteilung von Teilaufgaben nach einem festgelegten Verhandlungsprotokoll erfolgen (vgl. Abschnitt 5.2.2). Die Durchführung der Verhandlungen wird im Führungsrechner durch die Kommunikationssteuerung gesteuert. Diese stellt somit den vermittelnden Teil zwischen externen Auftraggebern und der lokalen Aufgabenplanung dar (siehe Bild 6.1).

6.2.2 Grundlagen einer bewerteten Verhandlungsführung

Die autonomen Einheiten in einem Produktionssystem haben immer nur eine lokale Sicht des Gesamtsystems und können so nur sehr beschränkt beurteilen, wie sich ihr lokales Verhalten auf die globale Zielfindung auswirkt. Bei einer kooperierenden Planung dienen die Verhandlungen u. a. dem Austausch von Kenngrößen, die in verdichteter Form jeweils die Bewertung der Produktionssituation aus der lokalen Sicht einer Einheit darstellen. Zum Vergleich der lokalen Sichtweisen mehrerer autonomer Einheiten sollten diese Bewertungen quantifizierbar sein. Nur so kann der Auftraggeber bei mehreren Angeboten auf eine Ausschreibung das beste Angebot finden. Diese Anforderungen decken sich mit denen der Organisationsgestaltung in einem Unternehmen. Hier dient die Implementierung von Marktdruck innerhalb der Organisation durch die Bewertung der Leistungen jeder Einheit der Wertschöpfungskette als Instrument zur Verhaltensbeeinflussung. Damit wird die fehlende innere Motivation durch eine von außen kommende Motivation ersetzt (WILDEMANN 1994. S. 439F).

Für die Darstellung von Bewertungen gibt es mehrere verschiedene Möglichkeiten. Grundsätzlich unterscheidet man zwischen ziel- und gewinnorientierten Bewertungssystemen. Bei den *zielorientierten Bewertungssystemen* werden jeder Einheit direkte Vorgaben für logistische Zielgrößen. wie z. B. Durchlaufzeit. Bestand, Auslastung und Rüstoptimierung gemacht (siehe z. B. KOCH 1996. S. 76). Die Parameter der Planungsalgorithmen der Einheiten werden so direkt gesetzt. Bei *gewinnorientierten Bewertungssystemen* hingegen werden nur Angaben gemacht, wie wichtig jede Aufgabe ist. Es werden aber keine Vorgaben gemacht. wie die Einheiten ihre lokalen logistischen Zielgrößen (wie Auslastung oder

Termintreue) einstellen müssen, um die Aufträge gemäß ihren Spezifikationen korrekt auszuführen. Bei dem im folgenden vorgestellten Bewertungssystem handelt es sich um ein sehr einfaches, aber auch sehr anschauliches gewinnorientiertes Verfahren. Es soll nur exemplarisch die vielfältigen Möglichkeiten einer Bewertung von Aufgaben während den Verhandlungen darstellen.

Die Reorganisation eines Unternehmens im Sinne einer Fertigungssegmentierung geht mit der Einführung marktwirtschaftlicher Prinzipien einher, indem die Segmente als Cost- oder Profit-Center ausgestaltet werden (WILDEMANN 1994, S. 444). Auf der Suche nach geeigneten Kenngrößen ist es deshalb eine sehr anschauliche Möglichkeit, sich an einem Vorbild aus der menschlichen Gesellschaft zur Behandlung von Interessenskonflikten, nämlich an der Marktwirtschaft, zu orientieren (BURKHARD 1993, S. 162). Umgesetzt in die autonome Produktionsumgebung bedeutet dies die Belohnung des Erfolgs und die Bestrafung des Mißerfolgs der autonomen Einheiten bei der Aufgabenplanung und -ausführung mit Hilfe eines Punktesystems. Der Einsatz von lernenden Verfahren zur Bewertung der Leistung einzelner Einheiten bietet die Möglichkeit, für die globale Zielsetzung schädliches Verhalten, wie z. B. häufige Terminüberschreitungen, zu bestrafen.

Da die Abbildung marktwirtschaftlicher Mechanismen und Verhaltensweisen in die Produktionsumgebung aufgrund ihrer Komplexität zunächst nicht eins zu eins erfolgen kann, müssen Vorgaben über das Verhalten der einzelnen autonomen Einheiten gemacht werden, um trotz der ungenauen Abbildung ein möglichst optimales Planungsergebnis zu erhalten. So wird beispielsweise ein spekulatives Verhalten der einzelnen Einheiten, bei dem die „Preise" für die Bearbeitung von Aufgaben durch die Nichtannahme von Aufträgen mit niedrigen Punkteangeboten künstlich in die Höhe getrieben wird, ausgeschlossen. Gleiches gilt für die Kartellbildung mehrerer autonomer Einheiten zur Erhöhung des Preisniveaus. Andernfalls verlieren die Bewertungspunkte ihre Funktion als Kennwerte zur Weitergabe globaler logistischer Information und werden zu einem Maßstab zur Beurteilung der lokalen Planungsstrategie jeder Einheit.

Die Bewertung der Aufgabenbearbeitung mit Hilfe eines Preis- bzw. Punktesystems wirft aber auch neue Probleme auf. Solange nicht alle Einheiten eine vollständige Gesamtkostenrechnung durchführen, sind Vergleiche der Leistungen mehrerer Einheiten aufgrund ihrer aufsummierten Punktezahlen nur sehr begrenzt aussagekräftig. Die Punktezahlen sollten in diesem Fall nur den autonomen Einheiten als Anhaltspunkt zur Beurteilung ihrer Entscheidungen unter globalen Aspekten, nicht aber zum Vergleich der Gesamtleistung mehrerer Einheiten dienen.

In Bild 6.2 sind die Bewertungskriterien dargestellt, die Auftraggeber und potentielle Auftragnehmer während den Verhandlungen austauschen.

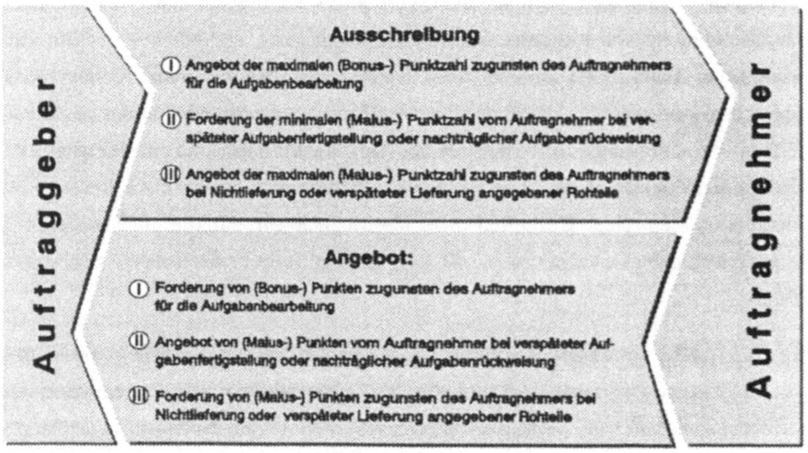

Bild 6.2 :   Forderungen und Angebote von Bonus- und Maluspunkten während den Verhandlungen

Für die Bearbeitung einer Aufgabe wird die Bezahlung von *Bonuspunkten* durch den Auftraggeber vereinbart. Daneben wird die Bezahlung von *Maluspunkten* für den Fall vereinbart, daß vorherige Zusagen nicht eingehalten werden. Es kann sich dabei sowohl um Zusagen des Auftragnehmers zur rechtzeitigen Aufgabenbearbeitung als auch um Zusagen des Auftraggebers zur rechtzeitigen Bereitstellung von benötigtem Rohmaterial handeln. Gemäß dem Prinzip der Verhandlung wird dabei zuerst in der Ausschreibung eine obere bzw. untere Grenze vom Auftraggeber festgelegt. Der Auftragnehmer macht dazu, wie in Bild 6.2 zu sehen ist.

jeweils eine Forderung bzw. ein Angebot innerhalb dieser Grenzen. Eine genauere Beschreibung der einzelnen Bonus- und Maluspunktzahlen findet sich in den nachfolgenden Abschnitten.

6.2.3   Aufgabenausschreibung

Die Weitergabe von Teilaufgaben erfolgt immer durch eine allgemeine Ausschreibung des Auftraggebers, zu der alle für die Aufgabenausführung geeigneten Einheiten Angebote abgeben können, sofern sie über freie Bearbeitungskapazitäten verfügen (vgl. Bild 5.3).

Eine Aufgabenausschreibung enthält in erster Linie die Beschreibung der durchzuführenden Aufgabe, Terminvorgaben zur Aufgabenausführung und den Annahmeschluß für Angebote. Zusätzlich sind auch mehrere Bewertungen des Auftrags durch den Auftraggeber enthalten, wie sie durch die Bonus- und Maluspunkte in Bild 6.2 bereits angedeutet wurden. Am wichtigsten ist die Angabe einer oberen Grenze für die Bonuspunkte zur Aufgabendurchführung. Damit gibt der Auftraggeber bekannt, wie wichtig ihm die Bearbeitung der Aufgabe im vorgegebenen Zeitraum ist. Bei dringenden Aufträgen mit geringem zeitlichen Spielraum können hier mehr als die üblichen Punktzahlen geboten werden. Der Auftragnehmer kann diese Information nutzen, indem er bei einer entsprechend hohen Anzahl von Bonuspunkten auch eine lokal gesehen ungünstigere Aufgabe annimmt. Paßt eine höher dotierte Aufgabe einer Einheit sehr gut in den lokalen Plan, so fordert sie trotzdem nur eine geringere Anzahl von Bonuspunkten. Dadurch hat sie bessere Chancen, den Zuschlag zu bekommen und so eine lokal optimierte Aufgabenfolge zu erhalten.

Analog zu den von IWATA U. A. (1994, S. 381) eingeführten Strafen bei nicht korrekter Aufgabendurchführung werden die Folgen einer fehlerhaften Ausführung einer Aufgabe behandelt. So fordert der Auftraggeber in der Ausschreibung eine Mindestzahl von Maluspunkten für den Fall einer nicht fristgerecht beendeten oder überhaupt nicht ausgeführten Aufgabenbearbeitung. Das entspricht einer Konventionalstrafe bei herkömmlichen Verträgen. Der Auftraggeber zeigt durch die Anzahl der geforderten Maluspunkte, wie kritisch die termingerechte Durchführung der Gesamtaufgabe ist. Dem Auftragnehmer wird so ermöglicht, die Ri-

siken einer Aufgabenübernahme abzuschätzen. Hat er bereits einen sehr vollen
Terminplan mit wenig Zeitpuffern zwischen den eingeplanten Aufgaben im betrachteten Zeitraum, so wird er von neuen Aufgaben mit hohen Maluspunktzahlen Abstand nehmen. Im Falle von Störungen ermöglicht die Angabe der Maluspunkte dem Auftragnehmer, globale Prioritäten der Aufgaben bei der Umplanung
seiner Aufgabenausführung einzubeziehen, indem dringende Aufgaben möglichst
termingerecht bearbeitet werden, auch wenn die Bearbeitung von unwichtigen
Aufgaben dadurch noch weiter verzögert wird.

In einer Aufgabenbeschreibung sind auch die Grundlagen für eine Aufgabenbearbeitung, d.h. Halbzeuge und weitere benötigte Ressourcen, gegeben. Halbzeuge
werden oft erst direkt vor der Aufgabenbearbeitung von einer anderen Einheit ge-
fertigt. Der Auftragnehmer muß sich auf die rechtzeitige Verfügbarkeit dieser
Teile verlassen können, da seine lokale Planung auf diesen Angaben basiert. Die
Verantwortung für Störungen bei der Zulieferung muß der Auftraggeber übernehmen. Deshalb gibt er in der Ausschreibung für jedes darin angegebene Halb-
zeug bzw. jede angegebene sonstige Ressource an, wieviel Maluspunkte er bei
einer verspäteten Lieferung oder auch bei einer Nichtlieferung maximal bereit ist
zu zahlen. Diese Maluspunktzahl ist damit ein Maß für die Zuverlässigkeit, mit
der der Auftraggeber die angegebenen Grundlagen für die Aufgabenbearbeitung
zur Verfügung stellen kann. Der Betrag orientiert sich daran, wie sicher die Zusagen des Zulieferers für die betroffenen Teile sind.

6.2.4   Angebotserstellung

Bei der Angebotserstellung durch einen potentiellen Auftragnehmer wird die lokale Einplanbarkeit einer Aufgabe geprüft. Neben einem Vorschlag für den Ter-
min der Aufgabenbearbeitung werden im Angebot Bonus- und Maluspunkte innerhalb der in der Ausschreibung gesetzten Grenzen angegeben, mit denen Hin-
weise auf die lokale Einplanbarkeit der Aufgabe gegeben werden. Wie groß die
Anzahl der für die Übernahme einer Aufgabe geforderten Bonuspunkte ist, hängt
von mehreren Faktoren ab. In erster Linie wird der Aufwand zur Ausführung der
Aufgabe berücksichtigt. Bei einem mobilen Roboter ist es beispielsweise sehr
wichtig, welche zusätzlichen Fahrstrecken zur Ausführung einer Aufgabe not-

wendig sind, da dies die Bearbeitungszeit unter Umständen wesentlich verlängern kann. Daneben spielen noch die Zeitschranken für die Aufgabenausführung eine Rolle, da bei engen Zeitschranken die Wahrscheinlichkeit für Wartezeiten vor und nach der Aufgabenbearbeitung, aufgrund der fehlenden Möglichkeiten zur lokalen Umplanung, steigt. Zuletzt orientiert sich die Forderung an Bonuspunkten auch an der unteren Grenze des geforderten Betrags der Maluspunkte, da ein Auftrag mit dem Risiko einer hohen Strafzahlung auch einen Beitrag zur Risikoabdeckung, eine Art „Risikoversicherung", erfordert. Das soll die Auftraggeber davon abhalten, unnötig hohe Beträge an Maluspunkten zu verlangen.

Die Forderung an Bonuspunkten soll sich aber nicht an der in der Ausschreibung gebotenen Maximalanzahl von Bonuspunkten orientieren. Diese Maximalanzahl sollte nur als Anhaltspunkt zur Abschätzung der Wichtigkeit der Aufgabe dienen. Andernfalls werden zwar bei einzelnen Aufgabenbearbeitungen mehr Bonuspunkte eingenommen, die Mehrzahl der Angebote ist jedoch gegenüber anderen anbietenden Einheiten nicht konkurrenzfähig und erhält deshalb keinen Zuschlag. Außerdem kann der Auftraggeber beim Vergleich der Angebote nicht die Einheit finden, der die Aufgabenbearbeitung am besten in den lokalen Bearbeitungsplan hineinpaßt.

Gleichzeitig mit der Bestimmung des Bearbeitungsaufwands wird abgeschätzt, wie zuverlässig die ausgeschriebene Aufgabe innerhalb des spezifizierten Zeitintervalls bearbeitet werden kann. Sind bereits viele Aufgaben mit geringem zeitlichen Spielraum vor dem betrachteten Bearbeitungstermin eingeplant, so ist die Wahrscheinlichkeit für eine verspätete Fertigstellung aufgrund einer vorhergehenden Störung größer. Unter diesen Umständen bietet der Auftragnehmer für den Fall einer nicht korrekten Aufgabenbearbeitung eine kleinere Summe an Maluspunkten an.

Kann ein Auftraggeber die in der Ausschreibung angegebenen Voraussetzungen für die Aufgabenbearbeitung (z. B. Halbzeuge) nicht rechtzeitig zur Verfügung stellen, so muß auch er, genauso wie ein Auftragnehmer, der eine übernommene Aufgabe nicht korrekt ausführen kann, Maluspunkte zahlen. Eine Forderung dieser Maluspunktzahl ist die letzte Punkteangabe in einem Angebot. Der Auftragnehmer gibt auf diese Weise den Zusatzaufwand an, der entsteht, wenn die Voraussetzungen zum Bearbeiten einer Aufgabe (z. B. notwendige Halbzeuge) nicht rechtzeitig vorhanden sind. Können beispielsweise bei einer Verspätung nachfolgend eingeplante Aufgaben nicht oder nur mit weit größerem Aufwand bearbeitet werden, weil eine Maschine komplett umgerüstet werden muß. so ist hier eine möglichst hohe Punktzahl anzugeben.

6.2.5   Auswahl des besten Angebots

Die Schritte zur Auswahl des besten Angebots können am besten anhand von sogenannten Konversationsmodellen des Auftraggebers (Bild 6.3) und der potentiellen Auftragnehmer (Bild 6.4) veranschaulicht werden. Konversationsmodelle definieren den Verhandlungsablauf sehr exakt, um ihn auch automatisieren zu können (Martial 1993, S. 117). In einem Konversationsmodell werden nicht nur die Nachrichtentypen festgelegt, die zwischen den Konversationspartnern ausgetauscht werden, sondern auch die Zustände. in denen sich die Konversation befinden kann. Zusätzlich spezifizieren Konversationsregeln. in welchem Zustand welche Nachrichtentypen gesendet und empfangen werden dürfen (MARTIAL 1993, S. 117). Das Konversationsmodell entspricht damit dem Prinzip der erweiterten Darstellung der Zustände eines Prozesses in einem Echtzeit-Betriebssystem (vgl. FARBER 1994, S. 164).

Die in Bild 6.3 und Bild 6.4 angegebenen Nummern der Teilschritte entsprechen den Nummern im Verhandlungsbeispiels aus Bild 5.3. Die ersten beiden Teilschritte darin, also Ausschreibung und Angebotserstellung. wurden bereits in den vorherigen Abschnitten beschrieben.

Aus den bis zum angegebenen Annahmeschluß eingetroffenen Angeboten wahlt der Auftraggeber nach seinen Kriterien das Beste aus. Hierfur werden zunachst die einzelnen Angebotsdaten, wie Fertigstellungstermine oder angegebene Bonus- und Maluspunkte unabhängig voneinander bewertet. Abhängig von den Vorgaben über die Dringlichkeit der zu vergebenden Aufgabe werden die Einzelbewertungen anschließend gewichtet und addiert.

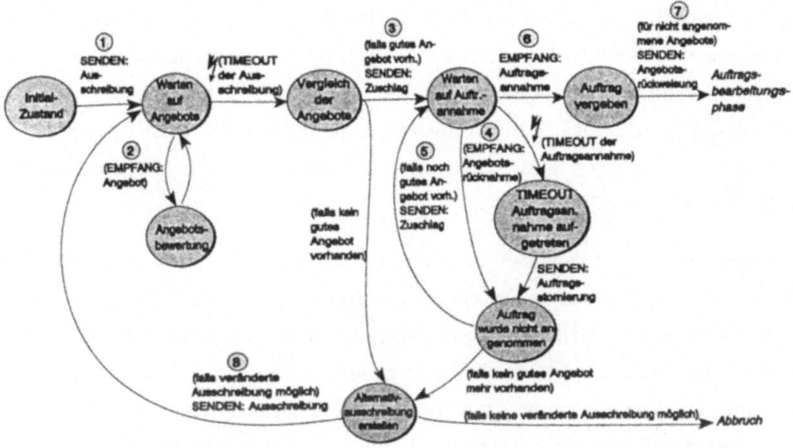

*Bild 6.3 : Ausschnitt aus dem Konversationsmodell eines Auftraggebers (vgl.
mit Bild 5.3)*

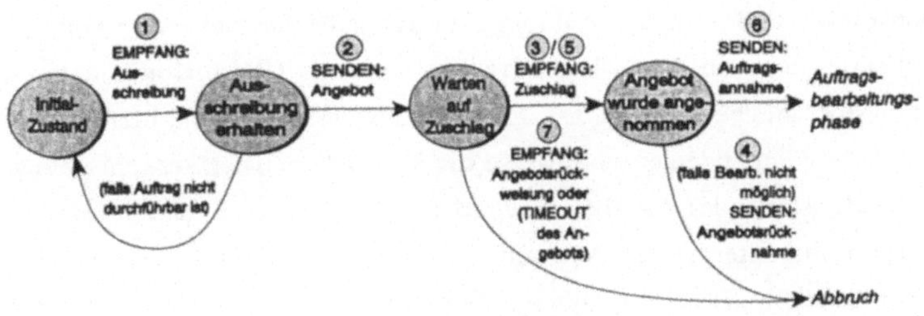

*Bild 6.4 : Ausschnitt aus dem Konversationsmodell eines Auftragnehmers (vgl.
mit Bild 5.3)*

Der Einheit mit dem besten Angebot wird daraufhin ein Zuschlag übermittelt (③
in den Konversationsmodellen in Bild 6.3 und Bild 6.4). Diese muß im Gegenzug
die Aufgabenbearbeitung endgültig einplanen und die Aufgabe dann annehmen
(⑥ in den Konverationsmodellen) oder ablehnen (④ in den Konversationsmodellen). Diese nochmalige Bestätigung der Aufgabenübernahme ist notwendig, da
ein Angebot der autonomen Einheit durch andere, zwischenzeitlich angenom-
mene Aufgaben zum Zeitpunkt der Zuschlagserteilung bereits überholt sein kann.

Bei der endgültigen Aufgabenübernahme sind darüber hinaus die kapazitiven Abschätzungen des Bearbeitungsaufwands nicht mehr ausreichend, die während der Angebotserstellung durchgeführt wurden. Vor der endgültigen Aufgabenübernahme werden die lokalen Bearbeitungsschritte deshalb lokal fest eingeplant sowie die Angebote von anderen autonomen Einheiten zur Durchführung externer Aufgaben angenommen.

Da die temporären kapazitiven Einplanungen bei allen angebotserstellenden Einheiten die Vergabe weiterer Angebote beeinflussen und sogar verhindern können, ist eine schnellstmögliche Stornierung ungültiger Einplanungen notwendig. Deshalb sendet der Auftraggeber an alle angebotserstellenden Einheiten, die keinen Zuschlag bekommen haben, eine Zurückweisung des betreffenen Angebots (⑦ in den Konversationsmodellen). Er gibt dabei auch den Grund der Zurückweisung an, damit die autonomen Einheiten ihre Algorithmen zur Angebotserstellung im Hinblick auf zukünftige Ausschreibungen optimieren.

In bestimmten Fällen ist eine Wiederholung des gesamten Verhandlungsprozesses notwendig, z. B. wenn der Auftraggeber auf seine Ausschreibung kein zufriedenstellendes oder überhaupt kein Angebot bekommt (⑧ im Konversationsmodell des Auftraggebers in Bild 6.3). Er muß zunächst den Grund hierfür feststellen. Anschließend ändert er schrittweise die Restriktionen der Ausschreibung, bis ein zufriedenstellendes Angebot abgegeben wird, oder er fordert alternativ die autonomen Einheiten gezielt dazu auf, die Grunde zu nennen, warum sie kein Angebot erstellen. Erhält der Auftraggeber trotz der Veränderung der Restriktionen kein brauchbares Angebot, so versucht er, durch eine Stornierung und Neuplanung aller von ihm ausgegebenen Aufgaben den Engpaß zu beheben. Schlagt auch das fehl, so ist keine Aufgabenbearbeitung im gewünschten Zeitraum moglich und die Aufgabe wird zurückgewiesen.

6.3 Transformation der Aufträge in Teilschritte

6.3.1 Problemstellung bei der Auswertung und Transformation von Aufgaben

Die bei der Kommunikationssteuerung eingelasteten Aufgaben werden in der Aufgabentransformation in eine Menge von Grundoperationen aufgespalten, die die Ausführungssteuerung bearbeiten kann (vgl. Abschnitt 5.2.3). Für einen mobilen Roboter stellt besonders die Bearbeitung aufgabengabenorientierter Aufträge, bei denen nicht angeben ist, welche Teilschritte für die Auftragsdurchführung notwendig sind, eine besondere Herausforderung dar, da die Wahl der Teilschritte nicht nur vom Zustand des mobilen Roboters, sondern auch von seiner Umgebung abhängt.

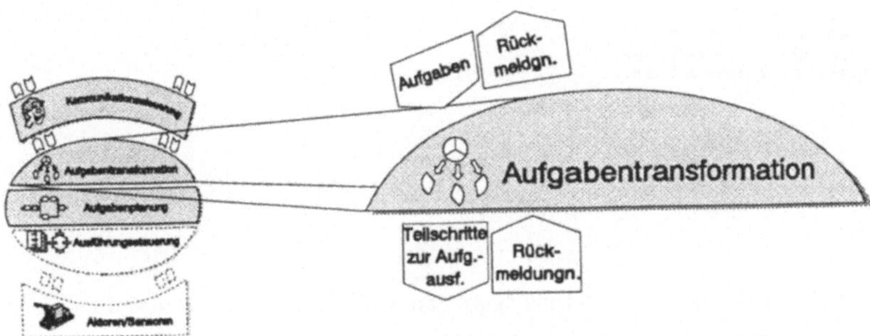

Bild 6.5 :   Einordnung der Aufgabentransformation in den Führungsrechner

Eine weitere Herausforderung sind nicht eindeutig spezifizierte Auftragsparameter. Beispielsweise ist es bei der Aufgabenbeschreibung in einer Ausschreibung erlaubt, daß statt einer genauen Orts- oder Objektbezeichnung nur ein Überbegriff für eine Menge gleichwertiger Auswahlmöglichkeiten angegeben wird. Ein mobiler Roboter muß in diesem Fall selbständig seinen Entscheidungsspielraum bestimmen, die Entscheidungsmöglichkeiten bewerten und die beste Möglichkeit auswählen. Eine Triviallösung, bei der gleich während der Aufgabentransformation eine der Entscheidungsmöglichkeiten ausgewählt wird, wäre zwar sehr einfach zu realisieren und würde die Komplexität des Planungsproblems erheblich verkleinern. Die Entscheidungen würden aber ohne Beachtung des System- und Umgebungszustands fallen, was teilweise unsinnige Lösungen zur Folge hätte. Im Beispiel in Bild 6.6 würde beispielsweise ein benötigtes Rohteil unter Umständen von einem weit entfernten Lager A geholt werden, obwohl es in einem nahegelegenen Lager B verfügbar ist, nur weil das weit entfernte Lager A während der Aufgabentransformation willkürlich als Teilequelle festgelegt wurde.

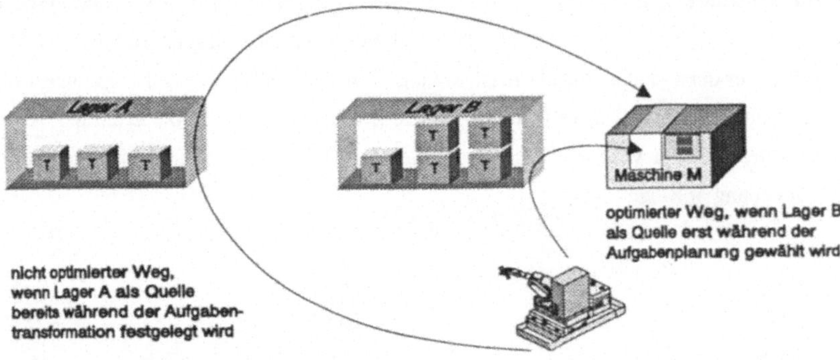

Bild 6.6 :   Bearbeitung der Aufgabe „Bringe ein Teil T zur Maschine M" durch einen mobilen Roboter

Deshalb dürfen solche Entscheidungen erst während der Aufgabenplanung getroffen werden, wenn die System- und Umgebungszustände für den Zeitpunkt der Aufgabenbearbeitung abgeschätzt werden können. Die verschiedenen Entscheidungsmöglichkeiten werden somit nach dem Prinzip der geringsten Festlegung („least commitment", vgl. RICH (1983, S. 58F)) durch Bedingungen nur soweit eingegrenzt, wie es unbedingt notwendig ist.

Eine dritte Herausforderung für mobile Roboter stellen plötzlich eintreffende priorisierte Aufgaben dar, für deren Bearbeitung die laufende Aufgabenbearbeitung so schnell wie möglich unterbrochen werden muß. Um die unterbrochenen Aufgaben später an der Stelle, an der sie unterbrochen wurden, fortsetzen zu können, sind spezielle Algorithmen notwendig. Die Problemstellung hier ist vergleichbar mit der Interruptbehandlung bei Mikroprozessoren (vgl. FARBER 1994,

S. 73FF / FLIK & LIEBIG 1990, S. 72FF). Dort muß die Aufgabenbearbeitung genauso unterbrochen werden, um hochpriore Anforderungen berücksichtigen zu können. Leider kann der Zustand eines mobilen Roboters nicht in einem Stack (Kellerspeicher) zwischengespeichert werden und nach der priorisierten Aufgabenbearbeitung einfach wiederhergestellt werden. Der Grund sind Probleme bei der Realisierung der Algorithmen zur exakten Wiederherstellung eines vorherigen Zustands. Die Probleme beruhen zum einen auf der großen Anzahl der zu berücksichtigenden Umgebungszustände mit der damit verbundenen Kollisionsgefahr und zum anderen auf der Irreversibilität realer Vorgänge. Wird aber bereits bei der Spezifizierung der Teilschritte zur Aufgabenbearbeitung darauf geachtet, daß jeder elementare Teilschritt nur eine von der gewünschten Reaktionsgeschwindigkeit abhängige begrenzte Bearbeitungsdauer hat, so kann diese kurze Zeit gewartet werden, bis der aktuelle Teilschritt korrekt beendet und ein definierter Zustand bei der Auftragsbearbeitung erreicht ist. Da jetzt kein Teilschritt mehr unterbrochen werden muß, werden Algorithmen für ein Wiederaufsetzen nach einer Unterbrechung hier nicht mehr benötigt.

6.3.2   Die Aufgabenbeschreibungen in den verschiedenen Abstraktionsstufen

Vor der Beschreibung der Mechanismen der Aufgabentransformation sollen zunächst die darin verwendeten Bezeichnungen der Aufgabenbeschreibungen in den verschiedenen Abstraktionsgraden definiert werden.

Die Auftraggeber lasten sogenannte *Benutzeraufträge* bei den mobilen Robotern ein.

Definition: *Benutzeraufträge* sind aufgabenorientierte Festlegungen von Zielen, die durch geeignet ausgewählte Teilschritte bearbeitet werden sollen (wie z. B. ein neues Rohteil in eine Bearbeitungsmaschine einlegen). Ein Benutzerauftrag muß implizit vorhandene Informationen (wie z. B. den Lagerplatz der für eine Auftragsbearbeitung benötigten Rohteile) noch nicht enthalten, da diese Informationen bei Bedarf von der autonomen Einheit selbständig, eventuell durch Nachfragen bei anderen autonomen Einheiten, ergänzt werden.

Benutzeraufträge werden, wie bereits erwähnt, zur besseren Einplanbarkeit sowie Ausführbarkeit in Teilaufgaben aufgespalten. Diese Teilaufgaben werden als *Elementaraufträge* bezeichnet. Es wird zwischen *Basis-* und *Expansions-Elementaraufträgen* unterschieden.

<u>Definition:</u> Die Teilschritte, die für die Bearbeitung eines Benutzerauftrags unabhängig vom System- und Umgebungszustand eingeplant und ausgeführt werden müssen, werden als *Basis-Elementaraufträge* bezeichnet. Dies sind die Teilschritte, die während der Aufgabentransformation bestimmt werden müssen. Dabei handelt es sich beispielsweise bei einem mobilen Roboter um Manipulationsaufgaben, bei einer Bearbeitungsmaschine um die einzelnen Bearbeitungsschritte.

Nicht enthalten bei den Basis-Elementaraufträgen sind die Teilschritte zur Änderung von Systemzuständen, d.h. Rüstaufträge (wie z. B. das Einwechseln des gewünschten Robotergreifers), sowie Aufträge zur Änderung von Umgebungszuständen (wie z. B. die Besorgung eines für die Aufgabenbearbeitung benötigten Rohteils). Solche Teilschritte werden in den Basis-Elementaraufträgen durch Bedingungen repräsentiert, die die System- und Umgebungszustände beschränken.

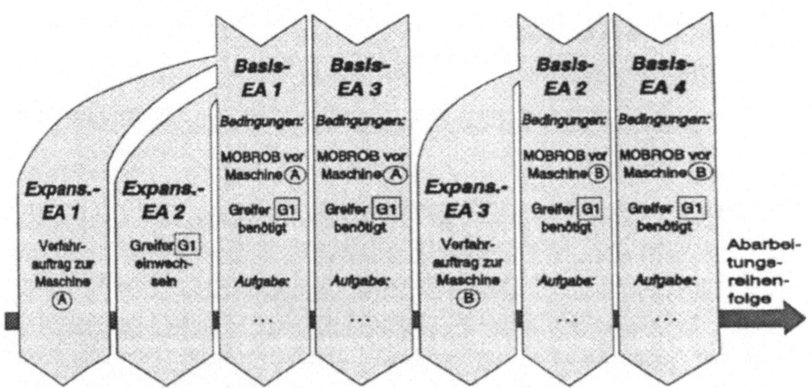

Bild 6.7 :   Unterscheidung der verschiedenen Arten von Elementaraufträgen im Aufgabenausführungsplan eines mobilen Roboters

<u>Definition:</u> Sämtliche Teilschritte, die zur Erfüllung der in den Basis-Elementaraufträgen gegebenen Bedingungen notwendig sind, werden als *Expansions-
Elementaraufträge* bezeichnet. Sie werden erst während der Expansionsphase
der Aufgabenplanung abhängig von der gewählten Ausführungsreihenfolge
vor die Basis-Elementaraufträge eingefügt (siehe Bild 6.7).

6.3.3 Grunddaten für die Aufgabentransformation

Um ein Planungssystem möglichst einfach zu gestalten, kann man problemspezifisches Wissen einsetzen, so daß unter Umständen lediglich ein geeigneter Plan
aus einer Planbibliothek ausgesucht werden muß (FISCHER U. A. 1994, S. 183F).
Für die Beschreibung der möglichen Einsatzbereiche eines mobilen Roboters in
der Produktion ist eine relativ kleine Menge möglicher Benutzerauftragsarten
ausreichend. Die vielfältigen umgebungsabhängigen Entscheidungen, die die
Flexibilität eines mobilen Roboters ausmachen, können erst während der Planung
sowie anschließend während der Aufgabenausführung getroffen werden.

Die möglichen Benutzerauftragsarten können durch Verhaltensmuster dargestellt
werden, die mögliche Lösungswege zur Aufgabenbearbeitung aufzeigen. Eine
allgemein anwendbare Möglichkeit zur Veranschaulichung von Verhaltensmustern sind sog. *Skripten*, die versuchen, die Reaktion auf ihre Umgebung durch
eine begrenzte Anzahl prototypischer Handlungen zu beschreiben. Jedes Skript
besteht aus einer Reihe von Eingangsbedingungen, der Spezifikation der Handlungen, die bei Erfüllung der Eingangsbedingungen durchzuführen sind, sowie
den zu erwartenden Resultaten (DORN 1989, S. 99FF). Da Skripten als Grundlage
für ein reaktives Planen während der Aufgabenausführung konzipiert wurden,
bieten sie aber nur sehr eingeschränkte Mittel zur Darstellung umfangreicher
Handlungssequenzen. Eine Darstellungsmöglichkeit für umfangreiche vorhersehbare Handlungssequenzen aus einem anderen Bereich sind *Montagevorranggraphen*, in denen alle notwendigen Teilschritte in einem Netz zusammen mit den
notwendigen Restriktionen bzgl. der Reihenfolge dargestellt werden (CHENG &
LÜTH 1994, S. 5).

Für die betrachtete Aufgabentransformation wurde eine allgemein anwendbare
Darstellung von Benutzerauftragsarten, sog. *Aufgabenschablonen*, basierend auf

Skripten konzipiert, wobei die Darstellung der durchzuführenden Basis-Elementaraufträge auf Montagevorranggraphen aufbaut. Ein einfaches Beispiel mit zwei Basis-Elementaraufträgen ist in Bild 6.8 zu sehen.

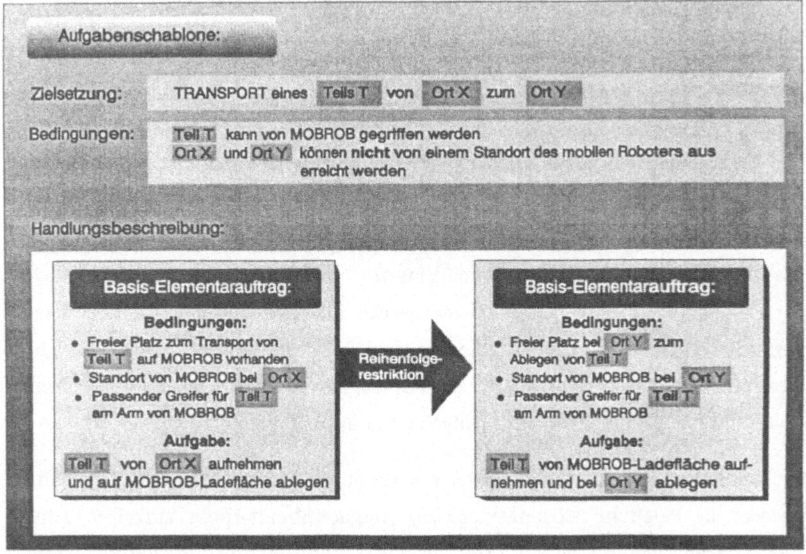

Bild 6.8 : *Beispiel einer sehr einfachen Aufgabenschablone mit zwei Basis-Elementaraufträgen*

Hier wird ein Transportauftrag, der nicht von einem Standort des mobilen Roboters aus erledigt werden kann, in einen Basis-Elementarauftrag zum Aufnehmen des Teils und einen zum Ablegen aufgespalten. Wie bei herkömmlichen Skripten werden im Bedingungsteil alle Bedingungen angegeben, die bei der Anwendung der Aufgabenschablone erfüllt sein müssen. Die Handlungsbeschreibung, die in einer Aufgabenschablone für die Bearbeitung eines Benutzerauftrags gegeben ist, besteht aus einer Reihe von Basis-Elementaraufträgen mit der Angabe der notwendigen Reihenfolgerestriktionen und Bearbeitungsbedingungen. Die Bearbeitungsreihenfolge der in den Aufgabenschablonen gegebenen Basis-Elementaraufträge wird während der Aufgabenplanung an die bereits eingeplanten Aufgaben angepaßt und somit optimiert. Da die Expansions-Elementaraufträge zur Erfüllung der Bearbeitungsbedingungen abhängig vom Umgebungszustand eingefügt werden, kann sehr flexibel auf wechselnde Bearbeitungsreihenfolgen reagiert werden. Hier sind Aufgabenschablonen flexibler als Montagevorranggraphen, da bei diesen nicht nachträglich zusätzliche umgebungsabhängige Teilschritte eingefügt werden können.

Bei der Anpassung eines Führungsrechners an eine neue Umgebung muß eine möglichst kleine Menge universell einsetzbarer Aufgabenschablonen gefunden werden. Eine Aufgabenschablone für einen Manipulationsvorgang sollte beispielsweise keine Unterscheidung treffen müssen, ob ein Teil auf einem Tisch oder auf der Spannvorrichtung einer Maschine abgelegt wird. Da nur wenige Unterscheidungen getroffen werden müssen, erfordert das Aufstellen der Aufgabenschablonen relativ wenig Aufwand.

Bei einer geringen Anzahl von Aufgabenschablonen müssen allerdings die Algorithmen zur Bearbeitung der Elementaraufträge in der Ausführungssteuerung mehr umgebungsabhängige Entscheidungen treffen. So ist beim Ablegen eines Teils im Gefahrenbereich einer Maschine unter Umständen ein komplexes Kooperationsprotokoll notwendig, während das Ablegen auf dem Tisch ohne zusätzliche Verhandlungen durchgeführt werden kann. Die Unterscheidungen, welche Kooperationsalgorithmen angewandt werden sollen, müssen aber nur einmal in die Ausführungsalgorithmen aufgenommen werden, während sie sonst in allen Aufgabenschablonen berücksichtigt werden müßten. Der Funktionsumfang der Bearbeitungsalgorithmen der Elementaraufträge entscheidet somit über die einfache Erweiterbarkeit des Funktionsumfangs einer autonomen Einheit. Deshalb wird der Schwerpunkt der Anstrengungen bei der Neuerstellung der Algorithmen des Führungsrechners auf die Bearbeitungsalgorithmen gelegt. Aufgabenschablonen können hingegen mit wenig Aufwand unter Nutzung der Elementaraufträge, für die intelligente Bearbeitungsalgorithmen vorhanden sind, erstellt werden.

6.3.4 Darstellung von Bearbeitungsbedingungen der Teilaufgaben

Um eine möglichst einfache Behandlung der Bearbeitungsbedingungen während der Planung zu ermöglichen, werden die Bearbeitungsbedingungen eines Basis-

Elementarauftrags in einem einheitlichen Rahmen, einem sog. *Bedingungsframe* dargestellt (siehe Bild 6.9).

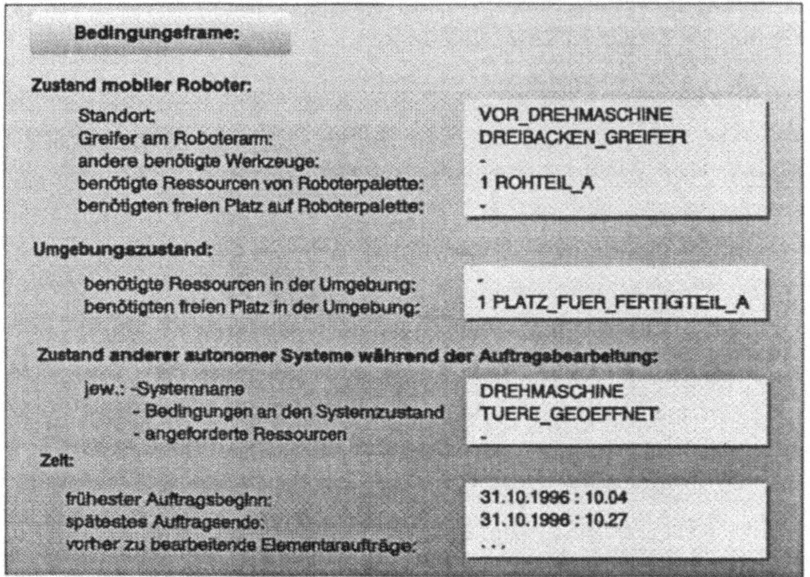

Bild 6.9 :   Beispiel eines einfachen Bedingungsframes

Die Bedingungen werden in vier Bereiche aufgeteilt: den physikalischen Zustand des mobilen Roboters, den Zustand seiner Umgebung, den gewünschten Zustand anderer autonomer Einheiten während der Aufgabenbearbeitung sowie zeitliche Bedingungen. In den Bedingungen über die Zustände anderer Systeme sind beispielsweise Kooperationszustände aufgeführt, um Aufgaben in Zusammenarbeit mit anderen autonomen Einheiten ausführen zu können.

Die Bedingungen ähneln in ihrer Darstellungsweise der von Constraints (siehe z. B. PUPPE 1993, S. 51). Constraints sind, vereinfacht ausgedrückt, eine Menge von Restriktionen, die den Lösungsraum einschränken. Spezielle daran angepaßte Algorithmen helfen, die Lösungen in dem beschränkten Lösungsraum zu finden. Die Algorithmen zur Auflösung von Constraints können jedoch nur bei unveranderlichen Merkmalen sinnvoll eingesetzt werden (HERTZBERG 1989, S. 178). Das ist bei inhärenten Objektmerkmalen gewährleistet, jedoch nicht bei veränderlichen Systemzuständen. Die Bedingungen werden deshalb während der Planung mit speziell an die Bedingungsframes angepaßten problemspezifischen Algorithmen bearbeitet. Diese Algorithmen enthalten genaue Angaben, in welcher Reihenfolge die einzelnen Bedingungen bearbeitet werden sollen. Im einfachsten Fall kann eine feste Reihenfolge gewählt werden. Bei vielen verschiedenartigen Bedingungen können auch allgemeine, die Reihenfolge der Bedingungsbearbeitung beschränkende Regeln aufgestellt werden, mit deren Hilfe eine möglichst aufwandsarme Möglichkeit der Bedingungserfüllung bestimmt wird.

6.3.5 Ablauf der Aufgabentransformation

Mit Hilfe der Grunddaten in Form ausführlicher Aufgabenschablonen ist die Aufgabentransformation problemlos durchzuführen. Es wird die Aufgabenschablone bestimmt, deren Bedingungen durch die Aufgabenparameter am besten erfüllt werden. Für den Fall, daß die Bedingungen mehrerer Aufgabenschablonen erfüllt sind, können regelbasierte Systeme als Vorbild zur Auswahl der besten Aufgabenschablone dienen, da sie auch oft eine Regel aus der Menge der Regeln mit erfüllten Bedingungen (sog. Konfliktmenge) auswählen müssen. Ein gutes Auswahlkriterium dabei ist die Länge der Bedingungslisten der Regeln mit erfüllten Bedingungen (sog. *Größenanordnung*, vgl. WINSTON (1987, S. 188)), da diese Regel die spezifischen Vorgaben am genauesten erfüllt.

Bei der Aufgabentransformation werden in die Prototypen der Basis-Elementaraufträge aus der gewählten Aufgabenschablone die gegebenen Aufgabenparameter eingetragen (siehe Bild 6.10). Die dabei entstehenden Basis-Elementaraufträge werden an die Aufgabenplanung weitergegeben. Wichtig ist, daß die Aufgabentransformation nur von den Daten der Aufgabenbeschreibung abhängt. Sie ist nicht abhängig vom Zustand der Umgebung. Sie wird nach gegebenen Vorschriften ohne zusätzliches Umgebungswissen durchgeführt. Alle Anforderungen an den Zustand der Einheit und der Umgebung während der Aufgabenbearbeitung werden als Bedingungen bei den einzelnen Basis-Elementaraufträgen in der

Handlungsbeschreibung der Aufgabenschablonen formuliert (siehe Bild 6.10) und erst während der Aufgabenplanung berücksichtigt.

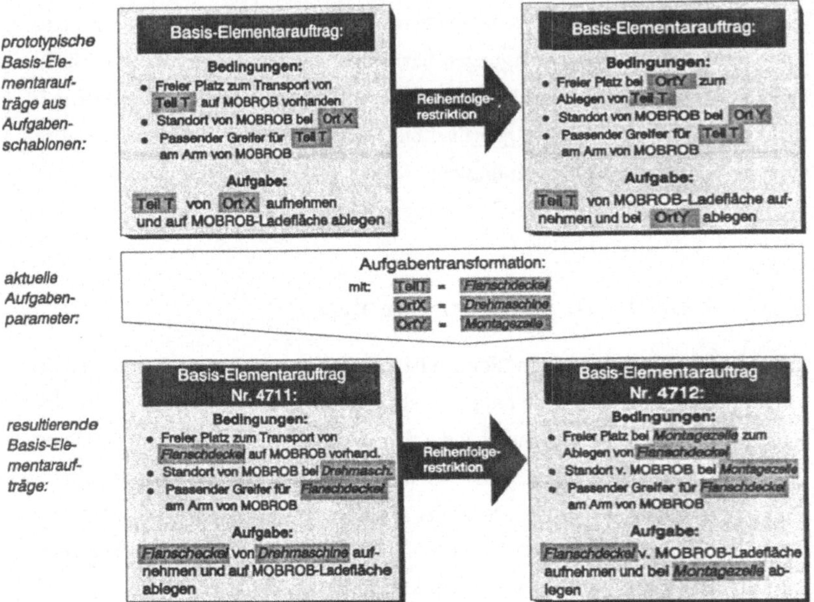

Bild 6.10 :   *Beispiel einer Aufgabentransformation nach Auswahl der Aufgabenschablone aus Bild 6.8*

Bei Aufträgen, wie z. B. bei der Störungsbehandlung, bei denen eine umgebungsabhängige Aufspaltung in Basis-Elementaufträge aufgrund vieler unbekannter Umgebungsfaktoren nicht möglich ist, wird auf eine Aufgabentransformation verzichtet. Die Aufträge werden in diesen Fällen lediglich in einen (komplexen) Basis-Elementarauftrag umgewandelt, für dessen Bearbeitung in der Ausführungssteuerung angepaßte Algorithmen vorhanden sein müssen.

6.4 Planung der Aufgabenbearbeitung

6.4.1 Problemstellung bei der Planung in einem mobilen Roboter

In der Aufgabenplanung, dem dritten Modul des Führungsrechners in der Organisationsebene (siehe Bild 6.11), wird versucht, alle einzuplanenden Elementaraufträge in eine möglichst optimale Reihenfolge zu bringen. Dabei sind die Planungen in einem mobilen Roboter aus mehreren Gründen ein komplexes Planungsproblem. Der Planungshorizont für die konkrete Einplanung von Aufgaben kann wegen der vielen in der betrachteten Produktionsumgebung angenommenen Unwägbarkeiten und Störungen nur kurzfristig sein. Abhängig von der Art der eingesetzten Produktionssteuerung müssen teilweise aber auch mittel-, eventuell sogar langfristige Zusagen für die Aufgabenbearbeitung gegeben werden. Darüber hinaus beschränken sich die Planungen in einem mobilen Roboter nicht auf den Roboter selbst, falls die lokalen Komponenten eines mobilen Roboters mit externen Einheiten koordiniert werden müssen.

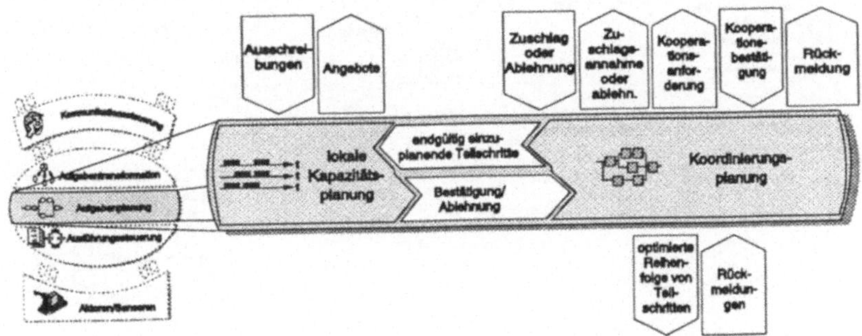

Bild 6.11 : Einbindung der Aufgabenplanung in den Führungsrechner

Ein fertiger Planungsalgorithmus für den Führungsrechner, der alle genannten Anforderungen erfüllt, existiert derzeit noch nicht. Um zeitlich nur begrenzt verfügbare Ressourcen nutzen zu können, muß das Planungssystem eines mobilen Roboters mit einem zeitlichen Weltmodell ausgestattet werden. Bei den meisten

Planern, die zeitliche Beschränkungen berücksichtigen, wird der Benutzer zur Entscheidungsunterstützung benötigt. Der zeitliche Planer TEMPLAR (BADALONI U. A. 1995, S. 100) stoppt zum Beispiel einfach die Aufgabenbearbeitung, wenn eine zeitliche Bedingung verletzt wurde, und wartet auf die Eingabe des Bedieners. Traditionelle Planer berücksichtigen meist nur vom eigenen System hervorgerufene Zustandsänderungen, nicht aber Zustandsänderungen durch die Handlungen anderer Einheiten. Die Entwicklung der Planungsalgorithmen kann deshalb nur einzelne Ideen dieser Ansätze aufgreifen.

6.4.2 Aufteilung der Planungsaufgaben

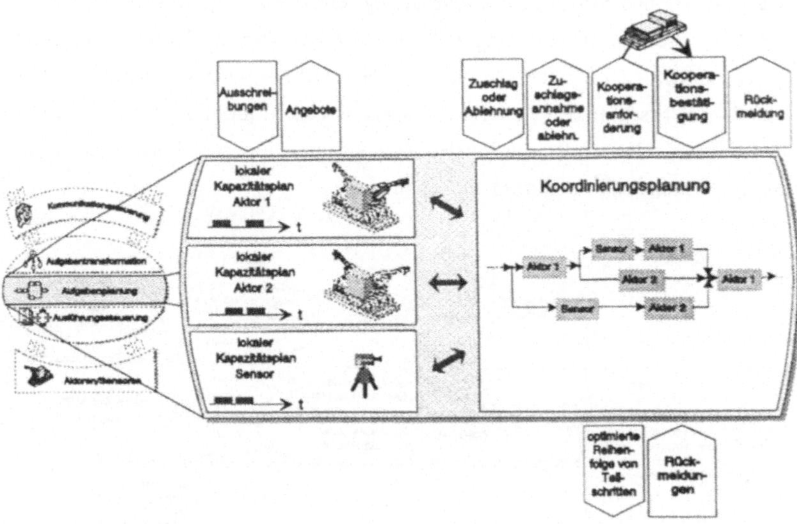

Bild 6.12 : *Beispiel für die Aufteilung der Planungsaufgaben bei einem mobilen Zweiarm-Roboter*

Um die Komplexität des Problems zu verringern, wird die Planungsaufgabe in zwei Teile unterteilt (vgl. Bild 6.11 sowie Abschnitt 5.2.4). Die *lokale Kapazitätsplanung* führt bei der Bearbeitung von Ausschreibungen die Abschätzungen durch, ob eine Aufgabe innerhalb des vom Auftraggeber vorgegebenen Zeitrahmens durchführbar ist. Die *Koordinierungsplanung* hingegen plant die Aufgaben nach Erhalt eines Zuschlags endgültig ein. Dabei werden die bei der Angebotserstellung in der lokalen Kapazitätsplanung vorgenommenen vorläufigen Eintragungen endgültig festgeschrieben.

In Bild 6.12 wird die Aufteilung anhand eines mobilen Zweiarmroboters, der seine beiden Aktoren sowie seinen Sensor unabhängig einsetzen kann, noch einmal verdeutlicht. Für jeden der beiden Roboterarme sowie den Sensor wird ein eigener lokaler Kapazitätsplan geführt, während die Koordinierung durch die Koordinierungsplanung durchgeführt wird, die einen Überblick über die Reihenfolgerestriktionen aller durchzuführenden Teilschritte hat.

6.4.3   Die lokale Kapazitätsplanung

Das lokale Kapazitätsplanungsmodul soll eine Abschätzung der verfügbaren Komponentenkapazitäten bei der Erstellung von Angeboten ermöglichen. Für die Angebotserstellung macht das lokale Kapazitätsplanungsmodul Vorschläge für die Bearbeitungszeitpunkte von gegebenen Teilschritten, in denen die erforderlichen Betriebsmittel verfügbar sind.

Gerade wenn Angebote für lang- oder mittelfristig durchzuführende Aufgaben erstellt werden, können die exakten Bearbeitungszeitpunkte noch nicht vorhergesagt werden. Vom Auftraggeber wird meist nur gefordert, daß die Bearbeitung innerhalb vorgegebener zeitlicher Grenzen stattfindet. Überlappungen der Zeiträume aufgrund des zeitlichen Spielraums bzgl. der Bearbeitungszeit werden zugelassen (siehe Bild 6.13), da damit die Möglichkeiten für spätere lokale Umplanungen erweitert werden, auch wenn die Gefahr einer zeitweisen Überlastung droht. Da die Bearbeitungsreihenfolge noch nicht feststeht, werden alle Aufgaben zunächst nur kapazitiv während des gesamten Zeitintervalls zwischen den vorgegebenen zeitlichen Grenzen der Bearbeitung eingetragen. Diese Zeitintervalle sind aufgrund der gegebenen Spielräume bei den Bearbeitungsterminen länger als die realen Bearbeitungszeiten. Um trotzdem nur die benötigte Bearbeitungskapazität einzuplanen, wird jede Eintragung mit einem *zeitlichen Abwertungsfaktor* abgewertet. Dieser Abwertungsfaktor stellt das Verhältnis zwischen voraussichtlicher Bearbeitungszeit und der Länge des für die Bearbeitung vorgesehenen Zeitintervalls dar.

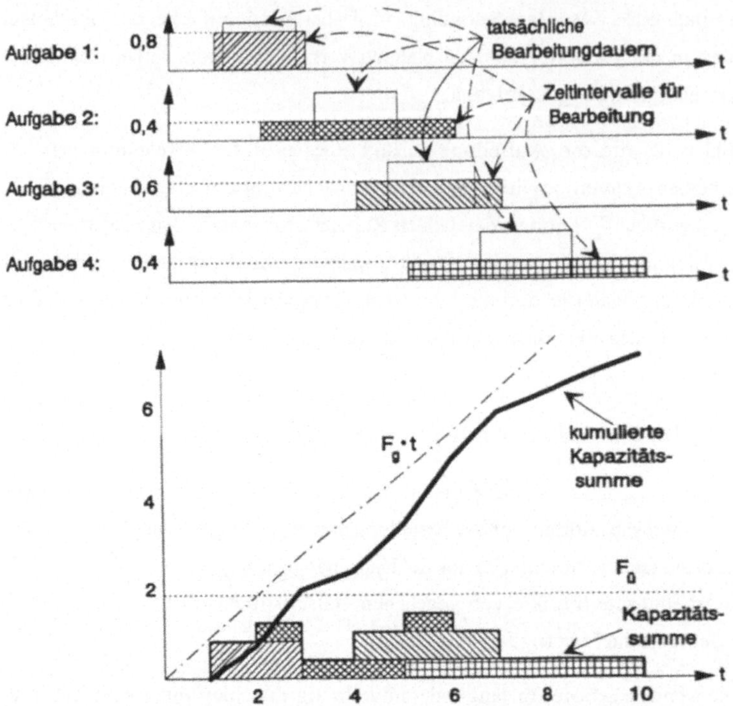

Bild 6.13 :   Berechnung der verschiedenen Kapazitätsgrenzen der lokalen Planung anhand eines Beispiels

Werden Angebote erstellt, so werden die für die Ausführung der spezifizierten Aufgabe benötigten Komponenten des betroffenen mobilen Roboters temporär reserviert, damit nicht zuviele Angebote gemacht werden. die später nicht bearbeitet werden können. Es wird davon ausgegangen. daß nur ein gewisser Anteil der Angebote angenommen wird. Deshalb werden die Einträge aller nur temporär eingeplanten Aufgaben zusätzlich mit einem *statistischen Abwertungsfaktor* abgewertet, der die Wahrscheinlichkeit für die Annahme des Angebots reprasentiert.

Um sicherzustellen, daß die Einplanung einer zusätzlichen Aufgabe trotz zeitlicher Überlappungen nicht zu Terminkonflikten führt. werden kapazitive Obergrenzen für die Einplanung festgelegt. Vor allem darf. ähnlich dem Ansatz von

HAHNDEL & LEVI (1994B, S. 255), die kumulierte Summe der für die Bearbeitung der eingeplanten Aufgaben benötigten Bearbeitungskapazitäten bis zu einem beliebigen Zeitpunkt nicht größer als die verfügbare Gesamtkapazität, abgewertet mit einem Faktor F_g ($0 < F_g < 1$), sein (siehe Bild 6.13). Der Faktor berücksichtigt die Übergangszeiten zwischen den einzelnen Aufgabenbearbeitungen. Dies schließt nicht aus, daß mehrere Aufgaben zu einem Zeitpunkt eingeplant sind. Zusätzlich wird, um Terminkollisionen zu einem Zeitpunkt möglichst zu vermeiden, die Summe der zu einem Zeitpunkt eingeplanten Kapazitäten mit einem Überlappungsfaktor $F_{ü} > 1$ begrenzt (siehe Bild 6.13).

6.4.4 Die Koordinierungsplanung

Die kooperierende Planung mehrerer autonomer Einheiten ist eine neue Planungsmethode, bei der sich noch keine Planungsverfahren etablieren konnten. Ein wichtiger Grund hierfür ist, daß herkömmliche Planungsverfahren nicht die Minimierung des Kommunikationsaufwands berücksichtigen, da sie von einer zentralen Haltung aller Planungsdaten ausgehen. Es gibt aber mehrere Ansätze des Operations Research für Planungsverfahren aus dem Bereich der Maschinenbelegungs- bzw. Transport- und Zuordnungsproblemen, die als Grundlage für die einzelnen Planungsstufen eines mobilen Roboters verwendet werden können.

Bei der Koordinierungsplanung muß zum einen die Reihenfolge bestimmt werden, in der die Basis-Elementaraufträge bearbeitet werden. Zum anderen müssen die richtigen Expansions-Elementaraufträge zur Erfüllung der Bearbeitungsbedingungen der Basis-Elementaraufträge gefunden werden.

Um gezielt auf die Umgebung einwirken zu können, muß die Koordinierungsplanung die Auswirkungen jeder Elementarauftragsbearbeitung kennen. Besonders wichtig zur Erfüllung von Bearbeitungsbedingungen sind Elementaraufträge zur gezielten Besorgung oder Beseitigung von Ressourcen oder zur Veränderung bestimmter Systemzustände. Die notwendigen Angaben bei den Elementaraufträgen beruhen auf dem Vorbild der Vor- und Nachbedingungen von Planungsoperatoren, wie sie von HERTZBERG (1989, S.48) beschrieben werden. Bei jedem Elementarauftrag werden deshalb neben den Bedingungen zum Start der Aufgabenbearbeitung auch die voraussichtlichen Umgebungsveränderungen angegeben, die während seiner Bearbeitung auftreten. Das schließt Systemzustände (wie den Standort eines mobilen Roboters oder den augenblicklich verwendeten Robotergreifer) genauso wie verbrauchte und neu erzeugte Ressourcen (wie Rohteile, Halbzeuge, ...) ein (vgl. Bild 6.14).

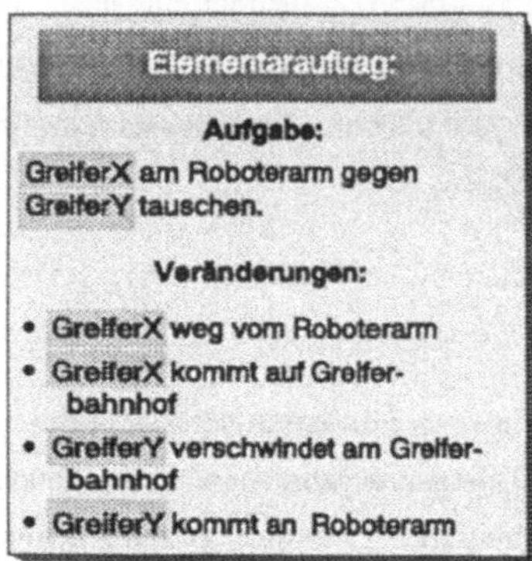

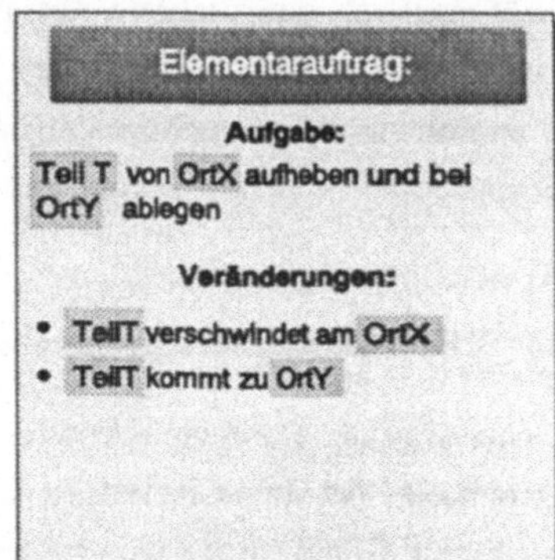

Bild 6.14 :   Beispiele von Elementaraufträgen mit den angegebenen Veränderungen an einem mobilen Roboter und an seiner Umgebung

Zur Durchführung der Planung hat die Koordinierungsplanung zwei grundsatzlich verschiedene Möglichkeiten. Bei der einen Möglichkeit wird zuerst versucht. eine aus lokaler Sicht optimale Reihenfolge für die Bearbeitung der Basis-Elementaraufträge festzulegen und dann die Expansions-Elementaraufträge zur Erfüllung der Bedingungen einzufügen. Erst wenn die zeitlichen Bearbeitungsintervalle für alle Elementaraufträge festgelegt wurden, werden für die Bearbeitung der extern auszuführenden Elementaraufträge die geeigneten Unterauftragnehmer gesucht (siehe Bild 6.15). Aufgrund der bereits festgelegten Bearbeitungszeitpunkte für die extern auszuführenden Elementaraufträge kann nicht auf Wünsche der Unterauftragnehmer zur Verschiebung der Zeitintervalle der Aufgabenbearbeitung reagiert werden. Bei Kapazitätsengpässen einzelner Einheiten führt dieser Ansatz deshalb schnell zu unkoordinierten iterativen Versuchen. neue Bearbeitungstermine für die extern zu bearbeitenden Elementaraufträge zu finden. In einem stark restringierten Lösungsraum arbeitet dieser Ansatz somit nicht zielorientiert.

*Bild 6.15 :   Wiederholte Neuplanung aufgrund mangelnder Absprache mit ko-
operierenden Einheiten während der Planung*

Die andere Planungsmöglichkeit der Koordinierungsplanung vermeidet die genannten Nachteile weitgehend. Dabei wird ein Basis-Elementarauftrag nach dem
anderen ausgewählt und sofort zusammen mit den jeweils notwendigen Expansions-Elementaraufträgen eingeplant. Geeignete Auftragnehmer für die Bearbeitung der extern auszuführenden Elementaraufträge werden sofort gesucht (siehe
Bild 6.16). Dieses Verfahren entspricht der Vorgehensweise beim Verfahren des
besten Nachfolgers (siehe z. B. RICH 1983, S. 78).

Wie beim opportunistischen Planen (siehe z. B. HERTZBERG 1989, S. 187FF)
werden die Planungsziele bei jeder Entscheidung wieder neu gegeneinander ab-
gewogen. Planungsziele sind in erster Linie eine termintreue Aufgabenausführung sowie eine Rüstkostenoptimierung, d.h. die Minimierung des Aufwands zur
Aufgabenexpansion. Bei jeder Entscheidung, welcher Basis-Elementarauftrag als
nächstes eingeplant werden soll, werden zunächst die terminkritischen Basis-
Elementaraufträge gewählt. Dabei werden Basis-Elementaraufträge bevorzugt,
bei denen eine rechtzeitige Fertigstellung besonders wichtig ist. Ist kein Basis-
Elementarauftrag zeitkritisch, so werden andere Zielgrößen, wie die Rüstkostenoptimierung, als Entscheidungsgrundlage genommen. Durch die sofortige
Expansion der Basis-Elementaraufträge nach ihrer Auswahl kann auf Terminpro-

bleme von kooperierenden Einheiten unmittelbar reagiert werden. Aus den genannten Gründen wird dieses Planungsverfahren im Führungsrechner eines mobilen Roboters angewandt.

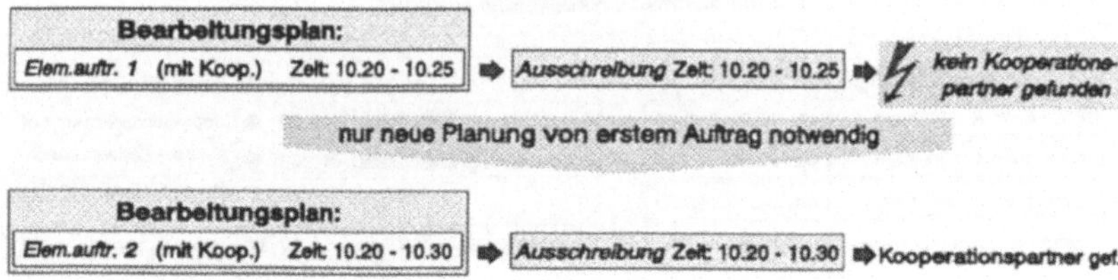

Bild 6.16 :   *Schrittweise Einplanung von Elementaraufträgen mit sofortiger Ver-*
einbarung von Kooperationen während der Planung

Bei der Suche nach dem globalen Planungsoptimum müssen schwierige Probleme, wie das Vorgebirgsproblem, das Plateauproblem oder das Gratproblem be-
wältigt werden (WINSTON 1987, S. 112F / RICH 1983. S. 76). Bei der zentralen
Produktionsplanung werden hierfür auch evolutionäre Algorithmen eingesetzt
(z. B. FUJIMOTO & YASUDA 1995, S. 190FF / KIM & LEE 1995. S. 196FF). Auf
deren Einsatz soll jedoch bei der lokalen Koordinierungsplanung aus mehreren
Gründen verzichtet werden. Ein Grund sind die größtenteils stochastischen Veränderungen, die evolutionäre Verfahren an der Bearbeitungsreihenfolge durchführen. Damit besteht die Gefahr. eine große Anzahl vollkommen unsinniger Lösungen zu bearbeiten, ohne einen Nutzen daraus zu ziehen. Der Hauptgrund.
warum evolutionäre Verfahren bei einer verteilten Planung nicht sinnvoll eingesetzt werden können, ist jedoch die zugrunde gelegte Verwendung eines Pools
gültiger Lösungen, die zu neuen Lösungen kombiniert werden. Bei der verteilten
Planung kann es jedoch nur einen gültigen. mit den kooperierenden Einheiten
abgesprochenen Lösungsvorschlag geben. der bei der Neu- und Umplanung bzw.
bei Optimierungen schrittweise verändert wird. Eine Anwendung herkommlicher
evolutionärer Verfahren ist damit ausgeschlossen.

6.4.5 Behandlung von Bedingungen und Ressourcenanforderungen bei der Aufgabenexpansion

Die Koordinierungsplanung muß Basis-Elementaraufträge vor der Einplanung expandieren. Das bedeutet, daß die zur Erfüllung der Bearbeitungsbedingungen erforderlichen Expansions-Elementaraufträge bestimmt und vor den betreffenden Basis-Elementaraufträgen eingeplant werden müssen.

Sind im Bedingungsframe eines Basis-Elementarauftrags mehrere Bedingungen gegeben, so können diese Bedingungen in unterschiedlichen Reihenfolgen bearbeitet werden. Es müssen jedoch Reihenfolgebeschränkungen bei der Bedingungserfüllung beachtet werden, da sich die Expansions-Elementaraufträge teilweise gegenseitig beeinflussen. Beispielsweise muß zuerst ein Rohteil im Lager zur Erfüllung einer Ressourcenanforderungsbedingung besorgt werden, bevor die Roboterposition zur Erfüllung der Standortbedingung eines Manipulationsauftrags angefahren wird. Die Nichtbeachtung dieser Restriktionen führt zu Widersprüchen und zu mehrfachen Versuchen, dieselbe Bedingung zu erfüllen.

Zur Erfüllung der Bedingungen gibt es zwei prinzipielle Möglichkeiten, die die Reihenfolgerestriktionen berücksichtigen. Die allgemeinere Lösungsmöglichkeit ist die Anwendung eines allgemeinen Planers, der aufbauend auf dem gespeicherten Wissen über Umgebungsveränderungen durch die einzelnen Elementaraufträge die passenden Expansions-Elementaraufträge zur Erfüllung der Bedingungen bestimmt. Allerdings wird dabei kein problemspezifisches Wissen genutzt. So werden zunächst sehr viele verschiedene Lösungsmöglichkeiten ungezielt bestimmt und anschließend miteinander verglichen. Der Rechenaufwand hierfür ist unnötig hoch.

Der Ausweg aus diesem Dilemma ist ein Planer, der speziell auf das Anwendungsgebiet zugeschnittene Lösungsstrategien verwendet. Er ist einem anwendungsunabhängigen Planer weit überlegen (FISCHER 1993, S. 27). Im Führungsrechner wird die anwendungsabhängige Planung durch die strukturierte Darstellung der Bedingungen in Bedingungsframes unterstützt (siehe Bild 6.9). So wird gemäß dem Vorbild der Meta-Planung (siehe z. B. HERTZBERG 1989, S. 180) ein fester Algorithmus für die Bearbeitung der Bedingungen aufgestellt.

Bei der Behandlung von Bedingungen müssen interne und externe Bedingungen unterschieden werden (siehe Bild 6.17). *Interne Bedingungen* beschränken definierte Systemzustände eines mobilen Roboters sowie Zustände in seinem Zuständigkeitsbereich. *Externe Bedingungen* hingegen beschränken die Zustände anderer autonomer Einheiten bzw. Umgebungszustände in deren Zuständigkeitsbereich. In diesem Fall ist bereits während der Planung eine Absprache mit den anderen autonomen Einheiten notwendig.

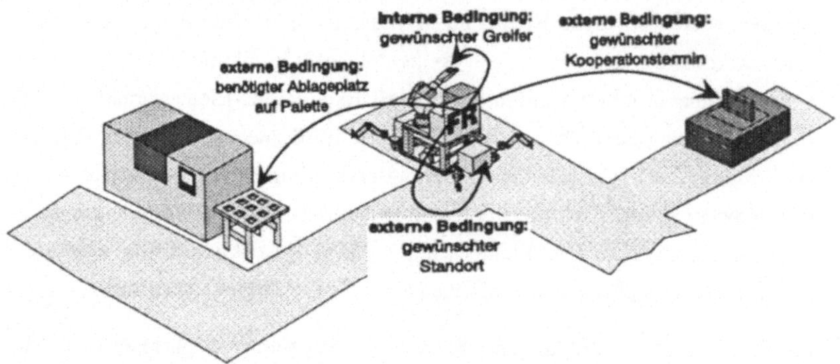

Bild 6.17 :   Unterscheidung interner und externer Bedingungen

Die Bearbeitung interner Bedingungen ist unproblematisch. Um Bedingungen über lokale Zustände bearbeiten zu können, müssen für jeden Zustand eines mobilen Roboters Expansions-Elementaufträge zum Erreichen jedes gewünschten Zustands bekannt sein. Können Ressourcenanforderungen (z. B. für Werkstücke) mit intern vorhandenen Ressourcen (z. B. von der eigenen Werkstückpalette) befriedigt werden, so handelt es sich auch um eine interne Bedingung, die durch eine entsprechende Buchung in der lokalen Ressourcenverwaltung befriedigt wird. Kann die Ressourcenanforderung teilweise oder vollständig nicht mit internen Vorräten befriedigt werden, so wird aus einer internen eine externe Ressourcenanforderung.

Zustände und Ressourcen externer Einheiten werden von der betroffenen externen Einheit lokal geplant und sind deshalb zeitabhängig. Beispielsweise kann eine Bearbeitungsmaschine den Zugriff in ihren Gefahrenbereich nur zu bestimmten festgelegten Zeitpunkten erlauben. Die Termine für solche Kooperationen müssen vor der Aufgabenbearbeitung in Verhandlungen vereinbart werden.

6.4.6   Freigabe der Ausführung von Teilschritten durch die Koordinierungsplanung

Die Bearbeitung der eingeplanten Elementaraufträge darf nur durch das Koordinierungsplanungsmodul freigeben werden, da nur hier das Wissen zur Koordinierung mehrerer unabhängiger Komponenten mit anderen autonomen Einheiten vorhanden ist. Schon während der Planung schätzt das Koordinierungsplanungsmodul anhand der Aufgabenbeschreibungen die Umgebungsänderungen durch eine Aufgabenbearbeitung ab. Bei einigen Elementaraufträgen, beispielsweise bei Störungsbehandlungen, muß die Ausführungssteuerung ihre Bearbeitungsstrategie aber an vorher nicht bekannte Umgebungszustände anpassen. Der reale Umgebungszustand am Ende der Aufgabenbearbeitung entspricht dann unter Umständen nicht dem geplanten Zustand. Die Koordinierungsplanung fragt deshalb nach der Beendigung jeder Elementarauftragsbearbeitung die realen System- und Umgebungszustände ab und vergleicht sie mit den prädizierten Zuständen (vgl. Bild 6.18). Wird eine Differenz festgestellt, so wird eine Neuplanung, aufbauend auf den neuen Umgebungsdaten, initiiert. Handelt es sich nach einer normalen Aufgabenbearbeitung störungsbedingt um eine größere Differenz zwischen den

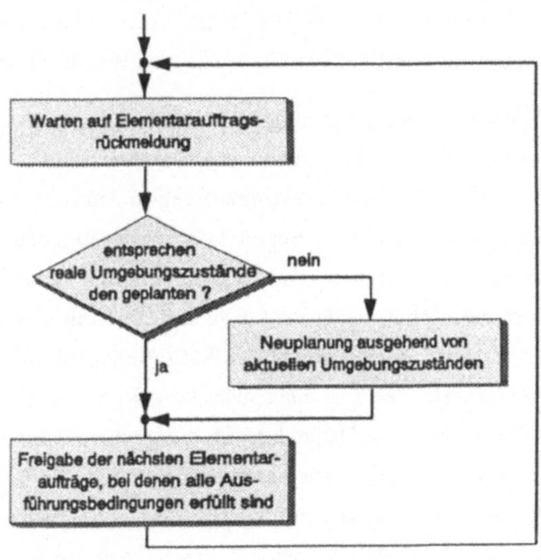

Bild 6.18 :   Freigabe der Bearbeitung der Elementaraufträge abhängig von den gespeicherten Freigabebedingungen

realen und den prädizierten Zuständen, so wird eine Störungsbehandlung zur Untersuchung und Beseitigung der Störung gestartet.

6.4.7   Behandlung von Störungen durch einheitenübergreifende Umplanungen

Die Grundintention jeder Störungsbehandlung in einer Umgebung mit mehreren autonomen Einheiten ist es, die Auswirkungen eines Problems auf möglichst wenige Einheiten zu beschränken. Vorbild hierfür ist der Ansatz des „Höflichen Umplanens" (TSUKADE & SHIN 1994, S. 1986) aus der Produktionsplanung. bei dem eine gestörte Einheit zunächst versucht, das Problem lokal so zu lösen, daß andere Einheiten möglichst wenig behindert werden. Dadurch werden die Kosten vermieden, die entstehen, wenn aus dem lokalen ein globales Problem wird und sich der Störungsbehandlungsaufwand vieler Einheiten addiert.

Eine *lokale Störungsbehandlung* ohne Einfluß auf andere Einheiten ist nur bei kleineren Störungen möglich, die ausreichend schnell und ohne externe Hilfe behoben werden können. Die lokale Störungsbehebung wird von der Ausführungssteuerung durchgeführt. Eine genauere Beschreibung folgt im Abschnitt 7.5.

Kann eine Aufgabe aufgrund einer Störung trotz lokaler Störungsbehandlung nicht rechtzeitig bearbeitet werden, so versucht die Koordinierungsplanung durch eine Ausschreibung die Aufgabe gegen Zahlung von Punkten an eine andere Einheit zur rechtzeitigen Bearbeitung weiterzugeben (siehe Schritt 2 in Bild 6.19). Die gestörte Einheit versucht ihren lokalen Schaden möglichst gering zu halten. also möglichst wenig Punkte an andere Einheiten zu zahlen. Bei wichtigen Aufgaben wird aber während der Aufgabenverteilung eine hohe Summe an Maluspunkten für den Fall einer nicht korrekten Aufgabenbearbeitung vereinbart (vgl. Abschnitt 6.2.3). Dadurch ist für die gestörte Einheit ein „Anreiz" geschaffen. die gestörte Aufgabe auch zu ungünstigen Konditionen an eine andere Einheit weiterzugeben. Die Kosten für eine teure Fehlerbehandlung können so immer noch geringer sein als ein noch größerer Betrag an Maluspunkten. Dadurch wird eine wichtige Aufgabe auch priorisiert behandelt. Die Minimierung des lokalen Schadens führt damit auch zu einer Minimierung der globalen Störungsfolgen.

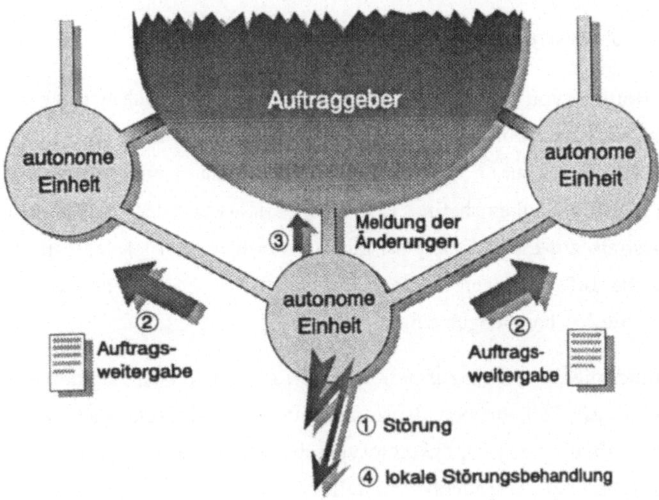

Bild 6.19 :   Fehlerbehandlung durch Weitergabe von Aufgaben an nicht gestörte Einheiten

Können einzelne Aufgaben trotz einer vorhersehbaren Verspätung nicht an andere Einheiten weitergeben werden, so versucht die Koordinierungsplanung der autonomen Einheit den durch die Maluspunkte repräsentierten Schaden so gering wie möglich zu halten. Hierzu wird, aufbauend auf den neuen terminlichen Randbedingungen, eine Neuplanung durchgeführt. Durch die dabei stattfindende Minimierung der zu zahlenden Maluspunkte werden terminkritische Aufgaben mit hohen Beträgen an Maluspunkten quasi priorisiert.

Führen die Umplanungen zu Änderungen für den Auftraggeber, so sind diese so bald wie möglich an ihn zu melden (siehe Schritt ③ in Bild 6.19). Eventuell erforderliche Umplanungen beim Auftraggeber zur Berücksichtigung von Verspätungen oder veränderten Lieferorten nach der Weitergabe von Aufgaben an andere Einheiten werden so frühzeitig veranlaßt.

6.5   Zusammenfassung

Die Verteilung von Aufgaben an selbständig handelnde Einheiten wird mit einem Verhandlungsprotokoll durchgeführt, das auf dem Contract-Net-Protokoll beruht und um Elemente zur mittel- und langfristigen Planung erweitert wurde. Die einzelnen Einheiten haben aber nur eine lokale Sichtweise der Produktion und benötigen deshalb zur Einschätzung der globalen Folgen ihrer lokalen Entscheidungen zusätzliche Informationen. Diese Kenngrößen fließen in Form eines Punktesystems in die Verhandlungen ein.

Als Grundlage der *Aufgabentransformation* für die Aufspaltung der *Benutzeraufträge* in kleine Teilaufgaben, die sogenannten *Elementaraufträge*, werden *Aufgabenschablonen* eingesetzt, die prototypisch jeweils einen von einem mobilen Roboter bearbeiteten Aufgabentyp darstellen.

Die *Aufgabenplanung* selbst ist zweigeteilt. Für die Angebotserstellung erfolgt in der *lokalen Kapazitätsplanung* eine grobe kapazitive Einplanung. Nach der endgültigen Auftragserteilung wird eine Einplanung durch die *Koordinierungsplanung* durchgeführt, die auch die Zusammenarbeit eines mobilen Roboters mit anderen autonomen Einheiten organisiert.

7 Die Steuerungsfunktionalität des Führungsrechners

7.1 Übersicht

Die Aufgabe der Ausführungssteuerung ist die Koordinierung aller Aktoren und Sensoren zur Bearbeitung eines Elementarauftrags. Damit ist die Ausführungssteuerung im Führungsrechner zwischen der Aufgabenplanung und den angeschlossenen Aktoren bzw. Sensoren eingeordnet (siehe Bild 7.1 - vgl. Kapitel 5.3.1).

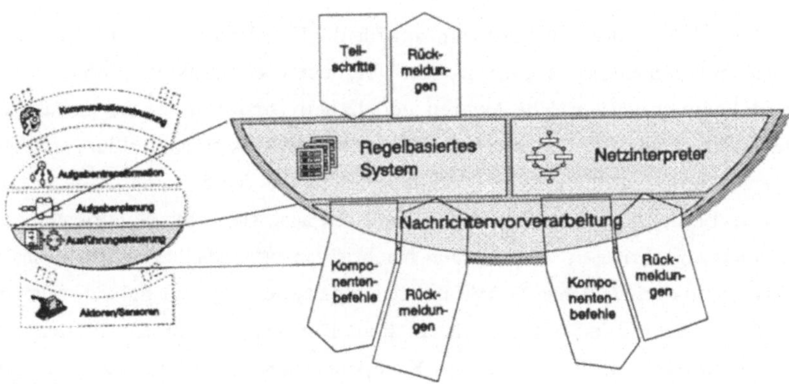

Bild 7.1 :   Einordnung der Ausführungssteuerung in den Führungsrechner

In diesem Kapitel wird beschrieben, wie die verschiedenen Arten von Aufgaben mit Hilfe einer zweigeteilten Struktur, bestehend aus einem regelbasierten System und einem Netzinterpreter, ausgeführt werden. Daneben wird auf die Nachrichtenvorverarbeitung eingegangen, die alle Nachrichten der Aktoren und Sensoren nach sicherheitsrelevanten Meldungen durchsucht, um in Echtzeit darauf reagieren zu können.

7.2 Die Nachrichtenvorverarbeitung

7.2.1 Anforderungen an die Nachrichtenvorverarbeitung

Die Nachrichtenvorverarbeitung muß die echtzeitfähige Reaktion der Ausfuhrungssteuerung auf sicherheitsrelevante Meldungen sicherstellen. Hierfür muß sie alle von den Aktoren und Sensoren eintreffenden Meldungen nach Hinweisen auf sicherheitstechnisch kritische Situationen absuchen und falls notwendig sofort die notwendigen Maßnahmen ergreifen (vgl. Kapitel 5.3.1 und 5.3.2).

7.2.2 Aufbau der Nachrichtenvorverarbeitung

Die Nachrichtenvorverarbeitung benötigt für die Entscheidung, wie kritisch eine Komponentenmeldung ist, einen groben Überblick über den aktuellen Systemzustand, beispielsweise welche Aktoren gerade aktiv sind. Um den zu gewahrleisten, werden alle Befehle an die Aktoren sowie alle Aktorrückmeldungen registriert. Damit auch Befehle des Netzinterpreters, die den Systemzustand beeinflussen, berücksichtigt werden können, müssen auch sie in der Nachrichtenvorverarbeitung registriert werden. Die Nachrichtenvorverarbeitung wird deshalb nicht nur als echtzeitfähige Schale um das regelbasierte System gebaut. sondern sie dient, wie in Bild 5.6 dargestellt, auch als Durchgangsstation für alle Befehle des Netzinterpreters an die einzelnen Komponenten sowie für die dazugehörigen Rückmeldungen. Die in der Nachrichtenvorverarbeitung gespeicherten Systemzustände haben im Gegensatz zu den im regelbasierten System für die Aufgabenausführung gespeicherten Zuständen nur einen sehr geringen Abstraktionsgrad. Hier wird nur gespeichert, welche Art von Befehl ein Aktor gerade ausführt. Ein Roboterarm wird hier beispielsweise durch die drei Zustände „ARM IN RUHEPOSITION", „ARM IN BEWEGUNG" und „ARM AUSSERHALB DER RUHEPOSITION" beschrieben.

Zur Erkennung kritischer Störungen werden alle Rück-. Status- und Fehlermeldungen der Komponenten an die Ausführungssteuerung abhängig von den gespeicherten System- und Umgebungszuständen bewertet. Diese Aufgabenstellung ist ähnlich der endgültigen Störungsbehandlung im regelbasierten System. Aufgrund der Nachteile regelbasierter Systeme, vor allem des undeterminierten Zeitverhaltens, soll der Einsatz eines regelbasierten Systems bei der Nachrichtenvorverarbeitung umgangen werden, indem hier nur die Erfüllung sehr einfacher Bedingungen abgeprüft werden. Als Vorinformation wird lediglich eine Liste der kritischen Fehlermeldungen genutzt. Darin werden die notwendigen Sofortreaktionen in Abhängigkeit von den Parametern der Fehlermeldung sowie den System- und Umgebungszuständen angegeben. Die Nachrichtenvorverarbeitung prüft lediglich, ob eine Komponentenmeldung in der Liste der kritischen Fehler enthalten ist (siehe Bild 7.2). Eventuell erforderliche priorisierte Aktor- und Sensorbefehle zur Begrenzung der Störungsfolgen werden sofort weitergegeben. Da die Nachrichtenvorverarbeitung nur Daten zur direkten Ansteuerung der Aktoren und Sensoren bekommt, müssen die in der Liste der kritischen Fehlermeldungen gespeicherten Daten jeweils sehr gut auf die eingesetzten Aktoren und Sensoren abgestimmt sein.

Die Nachrichtenvorverarbeitung prüft auch die Einhaltung zeitlicher Randbedingungen. So wird beim Fehlen von Rückmeldungen einzelner Komponenten eine

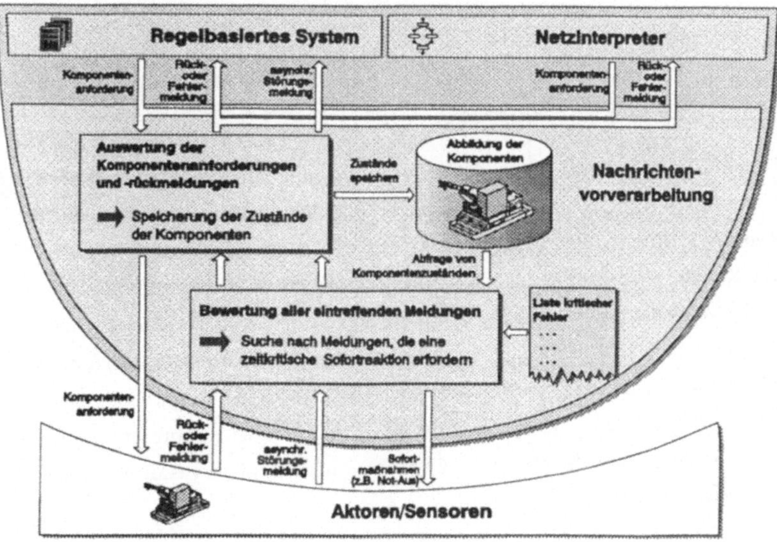

Bild 7.2 :   Aufbau der Nachrichtenvorverarbeitung

Störungsbehandlung eingeleitet. Hierfür ist ein Wecker (Watchdog-Timer) integriert, der bei fehlenden Rückmeldungen eine Fehlermeldung an das regelbasierte System sendet.

7.3 Komplexe Entscheidungsfindung im regelbasierten System

7.3.1 Anforderungen an das regelbasierte System

Das regelbasierte System bekommt die durchzuführenden Teilschritte von der Aufgabenplanung (siehe Bild 7.1). Es muß einfache Teilaufgaben an den Netzinterpreter weitergeben sowie Aufgaben, bei denen komplexe Entscheidungen zu treffen sind, selbst durchführen (vgl. Kapitel 5.5). Zusätzlich muß das regelbasierte System sämtliche Störungsmeldungen behandeln und die passenden Maßnahmen zur Störungsbehandlung ergreifen (vgl. Kapitel 5.6).

7.3.2 Unterteilung der Aufgaben des regelbasierten Systems in unabhängige Teilbereiche

Regelbasierte Systeme stellen ihr Wissen mit Hilfe von Regeln dar. Wegen der mangelnden Übersichtlichkeit großer Regelsysteme sollten Regeln nach ihrem Typ sowie ihrem Anwendungskontext strukturiert werden (PUPPE 1993. S. 42). Die Regelmenge wird deshalb in mehrere unabhängige *Regelmengen* mit den jeweiligen Regeln zum Erreichen eines vorgegebenen Ziels aufgeteilt. Durch die Vorgabe eines Ziels werden die jeweils benötigten Regelmengen aktiviert. Damit wird nicht nur die Reaktionszeit des regelbasierten Systems durch die reduzierte Anzahl der zu bearbeitenden Regeln wesentlich reduziert. sondern es werden auch unerwünschte Interferenzen zwischen logisch nicht zusammengehörigen Regeln vermieden.

Die Aktivierung der Regelmengen wird abhängig von den zu bearbeitenden Aufgaben während der Regelbearbeitung durchgeführt. In anderen Ansätzen wird teilweise nur eine einzige Regelmenge verwendet, diese aber strukturiert aufgestellt. Jede Regel muß in diesem Fall im Bedingungsteil das jeweils aktivierte Teilziel prüfen (HARTMANN & LEHNER 1990, S. 11 / WINSTON 1987, S. 187FF). Die Regelmenge wird zwar auch damit übersichtlicher, jedoch wird die Anzahl der zu bearbeitenden Regeln nicht wie bei der Aufteilung in unabhängige Regelmengen reduziert.

In Bild 7.3 sind die verwendeten Regelmengen skizziert, die noch weiter untergliedert sind. Die *Ablaufsteuerungsregeln*, die das Umschalten zwischen den einzelnen Regelmengen steuern, sind immer aktiviert. Sie überwachen die Regelbearbeitung auf Anzeichen, die einen Wechsel der aktiven Regelmenge erforderlich machen, d. h. wenn das aktivierte Ziel erreicht ist oder wenn ein wichtigeres Ziel, zum Beispiel aufgrund einer neu eingetroffenen Fehlermeldung, eingeschoben werden muß.

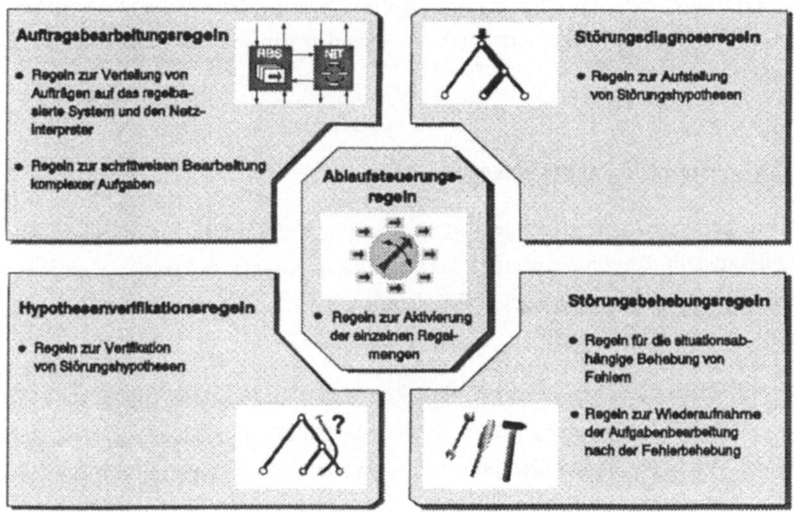

Bild 7.3 :   Übersicht über die verschiedenen Regelmengen

Zusätzlich zu den Ablaufsteuerungsregeln wird einer der anderen vier Bereiche aktiviert. Die *Auftragsbearbeitungsregeln* steuern die gesamte Aufgabenbearbeitung. Sie sind in weitere Unterregelmengen für spezielle Aufgabenbearbeitungen sowie in allgemeine Aufgabenbearbeitungsregeln unterteilt. Mit Hilfe der *Störungsdiagnoseregeln* werden bei gemeldeten Störungen Hypothesen über deren Ursache aufgestellt. Die Hypothesen werden anhand der *Hypothesenverifikationsregeln* verifiziert. Erkannte Störungen werden durch Einsatz der *Störungsbehebungsregeln* behoben und situationsabhängige Teilschritte eingefügt, um die vorher unterbrochene Aufgabenbearbeitung fortsetzen zu können.

Autonome mobile Roboter arbeiten normalerweise in einer Umgebung, in der viele die Umgebung und ihr Verhalten beschreibende Größen nicht a priori bekannt sind. Mit lernenden Ansätzen kann in den Bereichen aller genannten Regelmengen versucht werden, einmal erlangte Informationen für zukünftige Aufgabenbearbeitungen zu nutzen. Bei mobilen Robotern ist Lernen beispielsweise zur Optimierung der Parameter und Methoden der Aufgabenausführung, der Fehlerdiagnose und der Fehlerbehebung möglich (DILLMANN 1988, S. 6 / KREUZIGER & HAUSER 1993, S. 2). Auf eine weitergehende Behandlung dieses Themenbereichs wird hier verzichtet, da dies den Umfang der Arbeit sprengen würde.

7.3.3   Darstellung des Regelwissens

Das Regelwissen wird als Folge von Regeln mit Bedingungs- und Konklusionsteil dargestellt. Regeln werden *Produktionsregeln* genannt, da sie aus Voraussetzungen und Bedingungen neue Fakten und beim Einsatz in mobilen Robotern auch Anweisungen für die Komponenten „produzieren".

Das regelbasierte System eines mobilen Roboters arbeitet nicht in einem Bereich, in dem aus sicheren Fakten wieder sichere Schlußfolgerungen gezogen werden können. Vielmehr basiert die gesamte Informationsverarbeitung in einem mobilen Roboter auf unsicheren sensorisch ermittelten Meßwerten und zumindest teilweise auf unsicherem Wissen zur Verarbeitung dieser Daten. Um die Unsicherheiten im Schlußfolgerungsmechanismus berucksichtigen zu können, muß er um die Möglichkeit zur *Evidenzberechnung* erweitert werden (WINSTON 1987, S. 203). Zur Darstellung unsicheren Wissens gibt es mehrere Möglichkeiten, von denen drei in Bild 7.4 kurz vorgestellt werden.

106

	Probabilistisches Schließen (siehe z.B. RICH (1983, S. 184FF))	**Konfidenzfaktoren** (siehe z.B. PEDERSON (1989, S. 117))	**Fuzzy-Mengen** (siehe z.B. BANDEMER & GOTTWALD (1992, S. 102FF))
Grundlage:	Verarbeitung bedingter Wahrscheinlichkeiten mit Hilfe des Theorems von Bayes	Vertrauen in jede Aussage wird genauso wie Vertrauen in jede Regel heuristisch mit einem Faktor gekennzeichnet (Anwendung z.B. in BUCHANAN & SHORTLIFFE (1984))	Unscharfe Darstellung von Meßwerten sowie der Zuverlässigkeit von daraus abgeleiteten Fakten
Vorteil:	⊕ sichere Aussagen aufgrund sicherer Grunddaten	⊕ Grunddaten einfach zu bestimmen	⊕ gut theoretisch fundiert
Nachteil:	⊖ Bestimmung der bedingten Wahrscheinlichkeiten erfordert große Versuchsreihen	⊖ weniger gut fundierte Ergebnisse aufgrund unsicherer Grunddaten	⊖ weniger gut fundierte Ergebnisse aufgrund unsicherer Grunddaten

Bild 7.4 :   Möglichkeiten der Evidenzberechnung bei Regelwissen

Aufgrund ihrer guten theoretischen Fundierung eignen sich besonders Fuzzy-Mengen zur Verarbeitung der unsicheren Daten im Führungsrechner eines mobilen Roboters. Unabhängig vom gewählten Verfahren zur Evidenzberechnung müssen aber umfangreiche Tests durchgeführt werden, da die Erfahrungen gezeigt haben, daß die Resultate der Evidenzberechnung oft nicht mit den an die Implementierung gestellten Erwartungen übereinstimmen (PEDERSON 1989, S. 116).

Weiter muß bei der Darstellung des Regelwissens beachtet werden, daß es nicht möglich ist, das gesamte Wissen in Form einfacher empirischer Assoziationen zu strukturieren. Empirische Assoziationen verbergen oft kausale Beziehungen und sind auch nicht geeignet, Struktur und Funktion komplexer technischer Systeme hervorzuheben. Deshalb verfügen neuere regelbasierte Systeme über Mechanismen zur Einbindung *tiefen Wissens*, d.h. sie berücksichtigen die Struktur des Problembereichs sowie kausale Zusammenhänge innerhalb der Struktur. Dabei wird auf umfangreiches objektorientiertes Faktenwissen zurückgegriffen, das auch die Beziehungen der einzelnen Objekte zueinander darstellt. Diese Systeme sind weniger störungsanfällig und damit besser zur selbständigen Steuerung autonomer Systeme geeignet (GEVARTER 1987, S. 67). Wird das objektorientierte Faktenwissen zusätzlich noch mit Wissen über die Funktion des Systems sowie mit Ablaufwissen verbunden, so kann bei der Fehlerdiagnose im Falle von *Kausalitäts-lücken*, d.h. bei Lücken im Fehlersuchbaum, durch Wechsel auf eine andere abstrakte Diagnoseebene die Fehlersuche fortgesetzt werden (SCHÖNECKER 1992, S. 84FF). Die Möglichkeiten zur Implementierung von tiefem Wissen sind sehr umfangreich, sie sollen deshalb in dieser Arbeit nur am Rande behandelt werden. Einzelne Ansätze zu diesem Thema werden später in den Abschnitten über die Störungsbehandlung dargestellt.

7.3.4 Der Schlußfolgerungsmechanismus der Inferenzmaschine

In der sogenannten *Inferenzmaschine* eines regelbasierten Systems werden auf Basis der vorhandenen Auftrags- und Umgebungsdaten mit Hilfe des gespeicherten Regelwissens Schlußfolgerungen über auszulösende Sensor- und Aktoraktionen gezogen. Bei der Verarbeitung der Daten in der Inferenzmaschine gibt die Verkettungsrichtung an, wie die Regeln prinzipiell angewandt werden. Bei der *Vorwärtsverkettung* wird von allen problembezogenen Fakten ausgegangen (in Bild 7.5 links: Faktum „H ist wahr"). Ausgehend von den vorhandenen Fakten schließt das regelbasierte System mit Hilfe der vorhandenen Regeln auf alle ableitbaren Fakten (HARTMANN & LEHNER 1990, S. 40). Bei der *Rückwärtsverkettung* hingegen wird von einer Hypothese bzw. Behauptung ausgegangen (in Bild 7.5 rechts: Frage „Ist H wahr ?"). Anschließend wird untersucht, ob es Fakten und Regeln gibt, mit denen die Behauptung bewiesen oder widerlegt werden kann (HARTMANN & LEHNER 1990. S. 41).

Die Vorwärtsverkettung stellt eine ungezielte Suche dar, während die Rückwärtsverkettung zielgerichtet orientiert ist. Die beiden Verkettungsrichtungen können sinnvoll kombiniert werden. Dabei wird die Vorwärtsverkettung für die Abarbeitung kausaler Fehler-Symptom-Bäume ausgehend von Symptominformationen zur Generierung gewichteter Hypothesen eingesetzt. Die Rückwartsverkettung hingegen wird zur sukzessiven Verifikation oder Falsifikation der aufgestellten Hypothesen im Dialog mit dem automatisch arbeitenden Prozeß angewandt (vgl. FREYERMUTH 1993, S. 77).

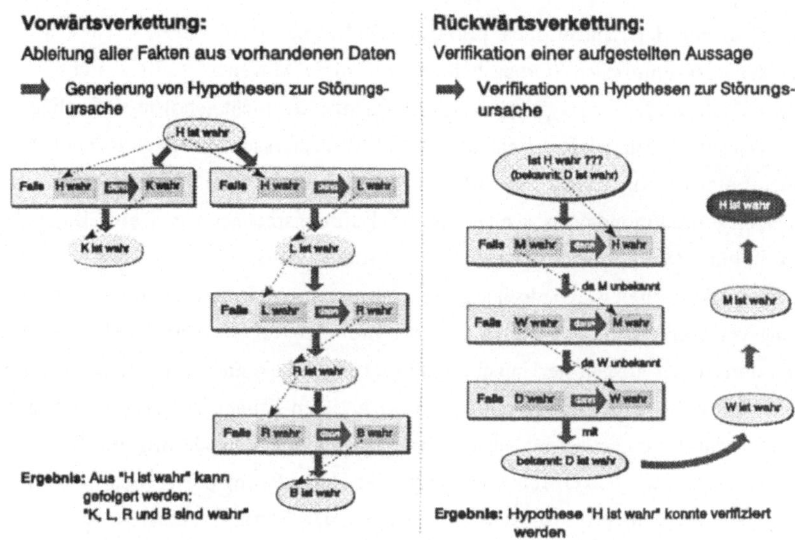

Bild 7.5 :   Vergleich der Schlußfolgerungen mit Vorwärts- und Rückwärtsverkettung

In der Umgebung eines mobilen Roboters werden laufend durch andere autonome Einheiten Veränderungen vorgenommen. Dadurch werden vorher bestimmte Sensordaten sowie die daraus abgeleiteten Schlußfolgerungen ungültig. Dies stellt aber einen Widerspruch zur klassischen Logik dar, in der die Gültigkeit eines Faktums zumindest während der gesamten Zeit des Schlußfolgerungsprozesses zeitunabhängig ist. Eine auf der klassischen Logik aufbauende Inferenzmaschine kann demnach nicht eingesetzt werden.

Es wurden bereits viele Versuche unternommen, durch *nichtmonotones Schließen* Änderungen der Fakten in den Inferenzprozeß einzubeziehen. Dabei werden vorherige Schlüsse zurückgezogen, wenn neue Daten es erfordern. Hierfür werden für jedes einzelne Faktum dessen Rechtfertigungen gespeichert. Realisiert wurde dies beispielsweise beim „Reason Maintenance System" und dem „Assumption based Truth Maintenance System" durch ein während des Schlußfolgerungsprozesses aufgebautes Abhängigkeitsverwaltungsnetz, in dem die einzelnen Schlußfolgerungsketten abgelegt werden (PUPPE 1993, S. 71F). Deren Einsatz ist jedoch

aus Gründen der Laufzeit nicht praktikabel (BECKER U. A. 1989, S. 18F). Schon
bei der herkömmlichen Störungsbehandlung ohne Anwendung eines nichtmonotonen Schlußfolgerungssystems werden Ansätze des nichtmonotonen Schließens
angewandt, indem Hypothesen über die Störungsursache aufgestellt und nach
ihrer Falsifikation wieder verworfen werden können. Eine weitergehende Anwendung nichtmonotonen Schließens im Führungsrechner zur Beurteilung der
Aktualität der gespeicherten Umgebungsdaten und der davon abgeleiteten
Schlußfolgerungen wäre jedoch auf die kontinuierliche Registrierung aller Umgebungsveränderungen angewiesen. Einem mobilen Roboter sind aber meist nur
von ihm selbst ausgelöste Umgebungsänderungen bekannt, da er diese selbst in
seine Umgebungsdatenbank einträgt. Von anderen Einheiten ausgelöste Umgebungsveränderungen werden nur registriert, wenn die Veränderung mit Sensoren
des mobilen Roboters erkannt oder wenn die Veranderung über einen Kommunikationskanal gemeldet wurde. Aus Gründen der Betriebssicherheit ist es aber
nicht ausreichend, benötigte Umgebungsdaten aus Vermutungen abzuleiten. Un-
sichere Umgebungsdaten muß ein mobile Roboter deswegen sensoriell überprufen.
fen. Aufwendige Algorithmen für nichtmonotones Schließen können deshalb im
Führungsrechner nicht sinnvoll eingesetzt werden.

Auch die Darstellung der zeitlichen Abhängigkeiten der gespeicherten Informationen ist bis jetzt in regelbasierten Systemen bei der praktischen Anwendung
vernachlässigt worden, da sich die Wissensdarstellung und die Ableitungsstrate-
gien wesentlich verkomplizieren (PUPPE 1993, S. 79). In einem mobilen Roboter
werden deshalb durch die Vorverarbeitung und Verdichtung der Meßwerte mit
prozeduralen Methoden die für die Aufgabenbearbeitung wesentlichen Eigenschaften der Objekte in der Umgebung extrahiert. Veränderungen in der Umgebung bleiben in der Ausführungssteuerung solange unberucksichtigt, bis sich auf
dem hohen Abstraktionsniveau, das hier betrachtet wird, eine Änderung ergeben
hat. Dadurch liegen für größere Zeitintervalle quasistatische Zustände vor
(BECKER U. A. 1989, S. 18). Die Störungsbehandlung kann damit im wesentlichen als ein statisches Problem betrachtet werden, bei dem vor allem der augen-
blickliche Zustand der Umgebung maßgebend ist. Für die Beurteilung der zeitlichen Entwicklung einer Störung ist es meist ausreichend, den Systemzustand zum
Zeitpunkt der Störung zu kennen. Dieser Systemzustand wird sowohl durch die

gestarteten Komponentenaktionen als auch durch die gerade bearbeitete Aufgabe charakterisiert und ist somit innerhalb der Ausführungssteuerung gespeichert. Aus Differenzen zwischen diesem gespeicherten und dem realen Systemzustand kann auf mögliche Störungsursachen geschlossen werden. Doch auch wenn eine Störung die Folge einer unbemerkt gebliebenen Störung von einer bereits abgeschlossenen Aktion ist, reicht es für die Störungsbehandlung aus, die vorhergehenden Aktorbefehle einer eigens dafür eingerichteten Liste aller ausgeführter Aktorbefehle zu entnehmen. Also kann auch für die Störungsanalyse auf den Einsatz *zeitbasierten Schließens* im Führungsrechner verzichtet werden.

7.3.5   Steuerung der Aufgabenbearbeitung im regelbasierten System

Die Auftragsbearbeitungsregeln sind in Teilregelmengen aufgespalten, die jeweils helfen, ein definiertes Ziel zu erreichen (vgl. Abschnitt 7.3.2). Bei der Bearbeitung von Aufgaben aktiviert die Inferenzmaschine, sofern keine Störungen auftreten, jeweils ein Ziel zur Anwendung einer Teilmenge der Auftragsbearbeitungsregeln. Für die Bearbeitung jedes Elementarauftrags werden eine Reihe von Zwischenzielen festgelegt, die nacheinander erreicht werden müssen.

Daneben muß es aber auch eine Möglichkeit geben, bei Bedarf für einen begrenzten Zeitraum ein anderes Ziel einzuschieben. Dies ist notwendig, damit ein wichtiges Ziel wie die Störungsbehandlung, ein weniger wichtiges Ziel temporär deaktivieren kann. Genauso muß es in den Teilregelmengen zur Aufgabenbearbeitung möglich sein, zur Erfüllung von Bearbeitungsvoraussetzungen vorübergehend ein anderes Ziel zu aktivieren. Ohne diese Möglichkeit müßten die Regeln zur Erfüllung von Bearbeitungsbedingungen in jeder Teilregelmenge enthalten sein. Um auch ein verschachteltes Setzen von Zielen zu ermöglichen, werden alle Ziele eines mobilen Roboters in einem *Zielestack* (Kellerspeicher) zwischengespeichert (siehe Bild 7.6).

Die Ablaufsteuerungsregeln aktivieren daraus jeweils das oberste Ziel. Ist ein Ziel erreicht, so erzeugt die Teilregelmenge ein Zielerreichungsfaktum. Daraufhin streichen die Ablaufsteuerungsregeln das aktivierte Ziel aus dem Zielestack und aktivieren das Teilziel darunter. Wird ein Zwischenziel eingeschoben, so wird es als oberstes Ziel in den Zielestack eingetragen. Dadurch wird das vorher aktive Ziel jetzt deaktiviert. Erst wenn das Zwischenziel erreicht ist, kann es aus dem Zielstack entfernt werden. Damit wird automatisch das vorher aktive Ziel neu aktiviert. Ist kein Teilziel mehr im Zielestack, so sind alle Aufgaben zur Durchführung des gerade bearbeiteten Teilschritts erledigt. In diesen Fall wird eine Fertigmeldung an die Aufgabenplanung gesandt.

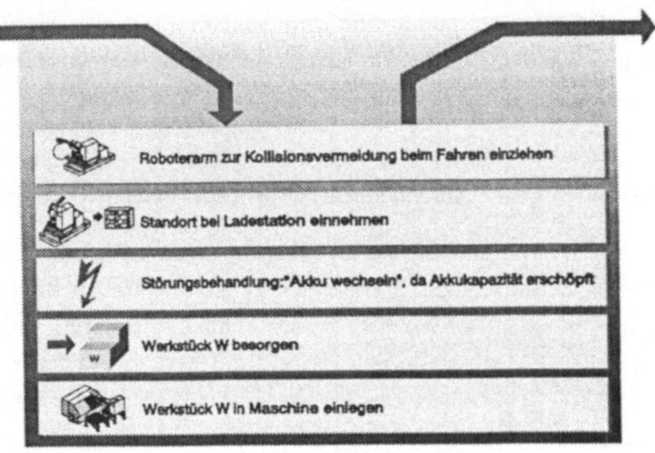

Bild 7.6 :   Beispiel eines Zielestacks mit fünf Teilzielen

Im Beispiel in Bild 7.6 muß zunächst der Roboterarm in Ruhestellung gebracht werden, bevor der mobile Roboter zur Ladestation fahren kann. um dort seine Akkus zu wechseln oder um sie dort aufzuladen.

7.3.6   Anpassungen des wissensbasierten Systems zum Einsatz als Prozeßsteuerung

Herkömmliche regelbasierte Systeme werden meist interaktiv zur Unterstützung eines Bedieners bei der Lösungsfindung zu jeweils einem Problem eingesetzt. Im Führungsrechner muß das regelbasierte System aber mehrere Aufgaben. wie Aufgabenbearbeitung und Störungsbehandlung, parallel durchführen und für jeden Elementarauftrag eine gesonderte Rückmeldung an die Aufgabenplanung senden können. Genauso müssen mehrere Sensoren und Aktoren parallel angesprochen werden können, ohne zu riskieren, daß deren Rückmeldungen vertauscht werden.

Fungiert das regelbasierte System als *Auftragnehmer*, d.h. nimmt es Aufgaben oder Störungsmeldungen entgegen, so muß die Zurücksendung einer Rückmeldung an den Auftraggeber sichergestellt werden. Bei einer Aufgabenbearbeitung mit mehreren parallel laufenden Störungsbehandlungen muß eine Zuordnung der Rückmeldungen zu den richtigen Anforderungen möglich sein. Dies kann z. B. während einer Aufgabenbearbeitung passieren, während der zuerst die Akku-überwachung das Unterschreiten der Batteriespannungs-Untergrenze mitteilt und gleich darauf zwei Sensoren eine drohende Kollision mit einem Hindernis melden. Hierfür wird eine Spracherweiterung für die Regelformulierung durchgeführt, die die explizite Zusendung einer Rückmeldung an den Auftraggeber ermöglicht (siehe Bild 7.7) (vgl. FISCHER 1993, S. 192). Zur Verwaltung der Daten wird für jede Aufgabenbearbeitung ein Datensatz mit den Vorgangsdaten sowie der Angabe des Auftraggebers generiert, um Rückmeldungen richtig zuordnen zu können. Letztere kann beispielsweise eine Auftragsnummer sein.

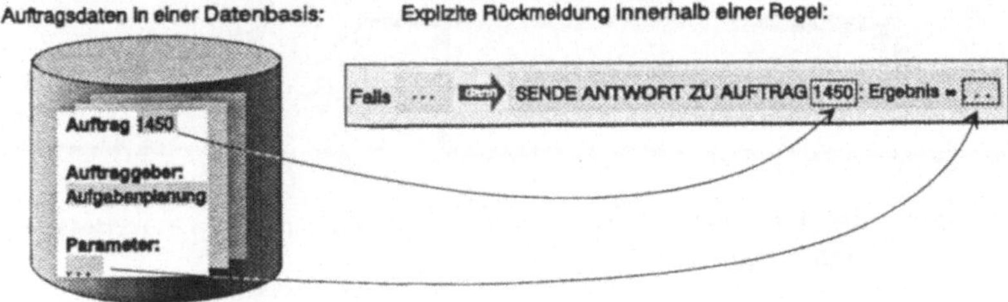

Bild 7.7 :   Zuordnung von expliziten Rückmeldungen in den Regeln durch Auftragsspeicherung in einer Datenbasis

Die Inferenzmaschine als *Auftraggeber* ruft Dienstleistungen von Sensoren, Aktoren oder anderen autonomen Einheiten ab, deren Rückmeldungen anschließend richtig zugeordnet werden müssen. Hierfür wird eine Spracherweiterung benötigt, die einen Dienstaufruf als Aktionsteil einer Regel ermöglicht. Um zum einen die Bearbeitung paralleler Dienstaufrufe und zum anderen die sofortige Behandlung zwischenzeitlich eintreffender Nachrichten zu ermöglichen, darf das regelbasierte System nicht aktiv auf die Antworten zu den Dienstaufrufen warten. Hierfür ist eine Methodik notwendig, mit der alle Antworten auf Dienstaufrufe den entsprechenden Dienstaufrufen zugeordnet werden können. Die Inferenzmaschine braucht in diesem Fall nicht ihre Regelbearbeitung nach einem Dienstaufruf zu unterbrechen, um die Antwort später diesem Dienstaufruf zuzuordnen, sondern kann zwischenzeitlich andere Probleme bearbeiten. Deshalb wird beim Eintreffen von Antworten zur Zuordnung ein Antwortfaktum erzeugt, das sowohl die Parameter des Dienstaufrufs als auch die Antwort enthält. Die Existenz eines solchen Antwortfaktums wird als Bedingung zur Abarbeitung der darauffolgenden Regel angegeben. Bild 7.8 zeigt beispielhaft den Aufruf zur Bearbeitung eines Ablaufnetzes beim Netzinterpreter, der syntaktisch genauso wie der Aufruf eines Sensors oder Aktors aufgebaut ist.

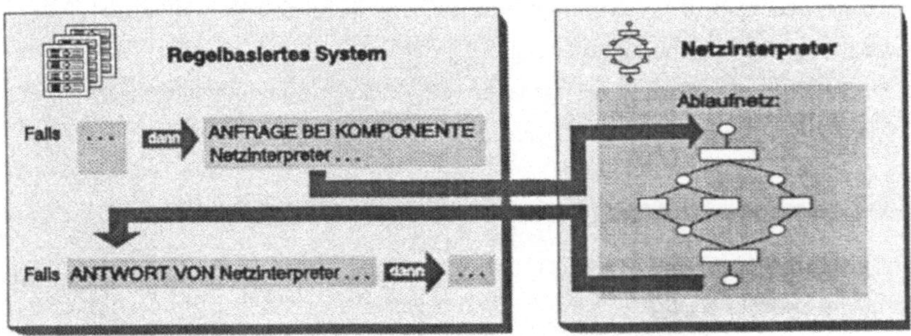

Bild 7.8 :   Beispiel eines Aufrufs des Netzinterpreters durch den erweiterten
             Aktionsteil einer Regel

7.4   Bearbeitung einfacher Teilaufträge im Netzinterpreter

7.4.1   Anforderungen an den Netzinterpreter

Der Netzinterpreter erhält vom regelbasierten System Anweisungen zur Durchführung von Ablaufnetzen, die immer gleichbleibende Abläufe darstellen (siehe

Bild 5.6 - vgl. Kapitel 5.5). Treten bei den angestoßenen Komponenten Störungen auf, so muß der Netzinterpreter alle Störungsmeldungen an das regelbasierte System weitergeben, damit dort eine Störungsbehandlung durchgeführt werden kann (vgl. Kapitel 5.3.1).

7.4.2 Darstellung der zeitbehafteten Petri-Netze

Petri-Netze (PETRI 1962) sind die am häufigsten verwendete Grundlage für zustandsorientierte Ansätze, da sie zum einen universell anwendbar sind, zum anderen bereits theoretisch fundiert behandelt wurden.

Die *Plätze* (Ellipsen in Bild 7.9) und *Transitionen* (Rechtecke in Bild 7.9) lassen sich auf vielfältige Weise interpretieren. In der Basisinterpretation werden die Plätze als Zustände und die Transitionen als zeitlose Ereignisse aufgefaßt (*Bedingungs-/Ereignis-Netz* in Bild 7.9 links). Aus der Sicht einer prozeßgeführten Ablaufsteuerung sind jedoch nur die aus dem technischen Prozeß eintreffenden Ereignisse interessant. Ähnlich der vorgangsorientierten Darstellung von Netzplänen (siehe z. B. ZIMMERMANN 1992, S. 322FF) läßt sich das Netz dadurch vereinfachen, daß der Aktionsstart, die Aktionsausführung und das Aktionsende zu einer zeitbehafteten Transition eines *vorgangsorientierten Netzes* (siehe Bild 7.9

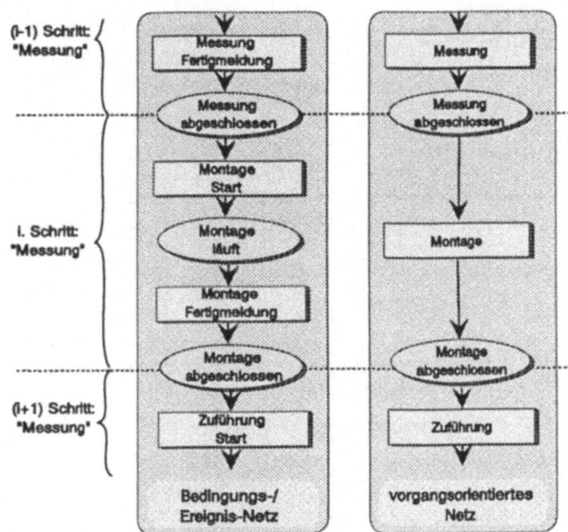

Bild 7.9 : *Vergleich verschiedener Arten von Petri-Netzen für die Ablaufsteuerung (GROHA 1988, S. 97)*

rechts) zusammengefaßt werden (GROHA 1988, S. 97 / ABEL 1990, S. 49). Diese Möglichkeit wird im Netzinterpreter angewandt.

Zusätzlich wird im Netzinterpreter die Möglichkeit geboten, durch Angabe von Bedingungen bei den Transitionen situationsabhängige Alternativen im Ablauf darzustellen. In Bild 7.10 wird zum Beispiel bei jedem Durchlauf des Ablaufnetzes abhängig von der Erfüllung der Bedingung „X = A" entschieden, ob Aktion 3 oder Aktion 4 durchgeführt wird.

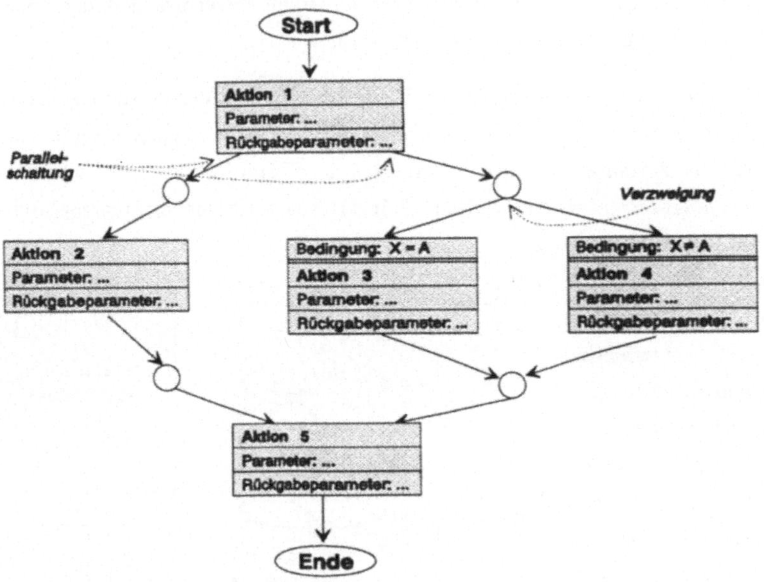

Bild 7.10 : Beispiel eines vorgangsorientierten Petri-Netzes mit einer Alternativbedingung

Durch die Verwendung von Bedingungen können die verwendeten zeitbehafteten Petri-Netze ähnlich flexibel reagieren wie ein regelbasiertes System. Allerdings können einfache Abläufe mit wenig Bedingungen auf diese Art wesentlich ubersichtlicher und damit auch weniger fehleranfällig dargestellt werden.

7.4.3   Aufbau des Netzinterpreters

Die Anforderungen an den Netzinterpreter decken sich in weiten Teilen mit denen an die von GLAS (1993, S. 109FF) beschriebene freiprogrammierbare Ablaufsteuerung eines Zellenrechners. Dieses Konzept dient deshalb als Vorbild zum Aufbau des Netzinterpreters. Die Funktionalitäten zum Delegieren der Störungsbehandlung an das regelbasierte System müssen jedoch ergänzt werden.

Um mehrere Aufgaben parallel durchführen zu können, findet im Netzinterpreter eine ereignisorientierte asynchrone Steuerung der Aufgabenbearbeitung statt. Das bedeutet, es wird nicht aktiv auf das Ende einer Komponentenaktion gewartet, sondern der Netzinterpreter kann bei Bedarf in der Zwischenzeit parallele Aktionen starten oder deren Rückmeldungen bearbeiten. So ist auch die parallele Bearbeitung mehrerer Petri-Netze innerhalb des Netzinterpreters möglich.

Um umgebungsabhängige Entscheidungen anhand der gegebenen Bedingungen treffen zu können, wurde die Möglichkeit zur Handhabung von Variablen integriert. Jedes aktivierte Ablaufnetz bekommt dafür einen Pool von Variablen, in dem neben seinen Aufrufparametern auch Zwischenergebnisse gespeichert werden. Rückmeldungen eines Sensors werden bei Bedarf arithmetisch umgewandelt und dienen anschließend zum situationsabhängigen Parametrieren weiterer Sensor- und Aktoraufrufe.

Trifft eine Störungsmeldung beim Netzinterpreter ein, wird diese unverzüglich an das regelbasierte System weitergeleitet. Zur Störungsmeldung fügt der Netzinterpreter als Entscheidungsgrundlage zusätzlich Angaben über das gerade bearbeitete Ablaufnetz an. Bei Bedarf kann vom regelbasierten System zusätzlich eine Liste der gerade aktiven Sensor- und Aktoraktionen abgefragt werden. Das regelbasierte System versucht die Störung zu beheben und hat dann drei Möglichkeiten zu reagieren: Zum einen kann es das betroffene Ablaufnetz komplett abbrechen, zum anderen kann es die Wiederholung der gestörten Aktion verlangen oder es kann eine Fortsetzung der Aufgabenbearbeitung fordern.

7.5   Interne Behandlung von Störungen

7.5.1   Überblick über die Störungsbehandlung

Die interne Störungsbehandlung gliedert sich im Führungsrechner in die Phasen der Störungserkennung, der Durchführung von Sofortmaßnahmen, der Aufstellung von Hypothesen zur Störungsursache, der Verifikation dieser Hypothesen und der Störungsbehebung (siehe Bild 5.7). Einen Überblick gibt Kapitel 5.6.

7.5.2   Erkennung von Störungen

Es gibt zwei prinzipielle Arten, eine Störung an die Ausführungssteuerung zu melden (siehe Bild 7.11).

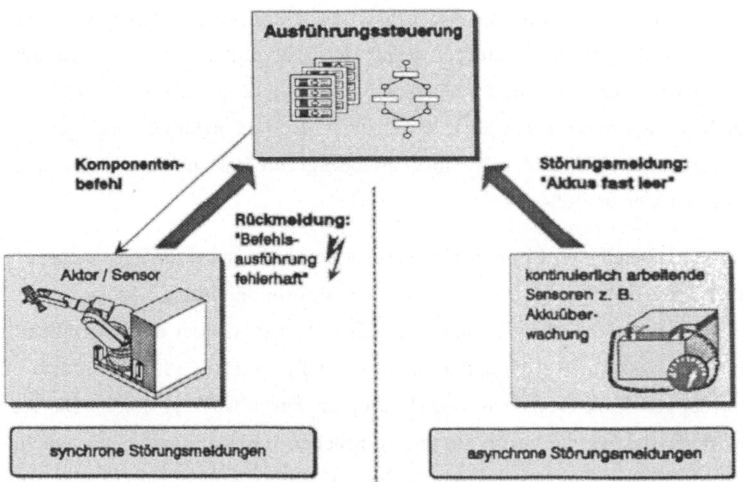

Bild 7.11 :   Unterscheidung von synchronen und asynchronen Störungsmeldungen

Sensoren und Aktoren können Störungsmeldungen *synchron*. d. h. zusammen mit den Rückmeldungen, zu den Komponentenaufträgen der Ausführungssteuerung mitsenden. In der erweiterten Rückmeldung wird mitgeteilt, daß die Dienstleistungsanforderung wegen einer Störung nicht korrekt bearbeitet werden konnte. Soweit möglich, wird auch die Störungsursache (wie „Kollision des Roboterarms") oder die Störungswirkung (wie „Abschalten der Anpaßsteuerung des Roboterarms") angefügt. Erreicht die Störungsmeldung das regelbasierte System, so aktiviert die Inferenzmaschine die Regeln zur Störungsbehandlung. Erhält der Netzinterpreter die Störungsmeldung, wird analog verfahren, weil der Netzinterpreter die Störungsmeldung unbearbeitet an das regelbasierte System weitersendet. Nach Beendigung der Störungsbearbeitung bestimmt das regelbasierte System in diesem Fall, ob der Netzinterpreter das betroffene Ablaufnetz weiterbearbeiten oder die Bearbeitung abbrechen soll.

Bei der zweiten Art der Störungsmeldung sendet ein kontinuierlich arbeitender Sensor eine Meldung *asynchron*, d.h. zu einem beliebigen Zeitpunkt während der Aufgabenbearbeitung, an die Ausführungssteuerung. Asynchrone Störungsmeldungen umfassen Nachrichten wegen der Über- oder Unterschreitungen von allgemeinen oder speziell für diesen Ablaufschritt festgelegten Grenzwerten der Sensordaten. Da die Ausführungssteuerung nicht, wie bei den synchronen Störungsmeldungen, auf die Bearbeitung einer Rückmeldung der gestörten Komponente vorbereitet ist, ist es schwieriger, auf asynchrone Störungsmeldungen adäquat zu reagieren. Ein mobiler Roboter kann beispielsweise nach einer Störungsmeldung wegen zu niedriger Versorgungsspannung der Akkumulatoren während eines Manipulationsvorgangs nicht sofort zur Ladestation fahren, sondern muß zunächst den Roboterarm einfahren, um beim Verfahren nicht mit der Umgebung zu kollidieren. Hier wird die bereits erwähnte Funktionalität des Zielestacks (siehe Bild 7.6) genutzt, das heißt die ausgewählte Methode der Störungsbehandlung wird als übergeordnetes Ziel im Zielestack eingetragen. Dadurch wird vor der Bearbeitung des Ziels zur Standortveränderung die Bedingung abgeprüft, ob der Roboterarm in Ruhestellung ist. Ist das nicht der Fall, wird eine Bewegung des Roboterarms hin zur Ruhestellung ausgelöst.

7.5.3 Aufstellung von Hypothesen über die Störungsursache

Der erste Schritt der Störungsbehandlung ist das Aufstellen von Hypothesen über die Störungsursache (vgl. Bild 5.7). Die Hypothesenaufstellung darf nicht nur auf den Störungsmeldungen beruhen, sondern muß auch vom augenblicklichen Zustand der Aufgabenbearbeitung sowie vom System- und Umgebungszustand abhängen. Wenn eine Störung aufgrund einer Störungsmeldung nicht eindeutig beschrieben ist, müssen mehrere Hypothesen zur Störungsursache aufgestellt werden, von denen die richtige bei der Hypothesenverifikation gefunden werden muß.

SCHÖNECKER (1992, S. 57FF) stellt die verschiedenen Wissensarten für die Störungsdiagnose in Produktionszellen in einem vierschichtigen Ebenenmodell dar. Abgebildet werden in der *Erfahrungsebene* Fehlerkausalitäten durch einen Fehlersuchbaum, in der *Funktionsebene* der Zellenablauf durch Ablaufvorschriften, in der *Verhaltensebene* die Zuständsübergänge in der Produktionszelle und in der *Strukturebene* der strukturelle Aufbau des Systems.

Im Führungsrechner eines mobilen Roboters wird eine ähnliche Strukturierung des Diagnosewissens vorgenommen (siehe Bild 7.12). In der obersten Ebene werden die Fehlermeldungen abhängig vom aktuellen Systemzustand des mobilen Roboters ausgewertet. Mit gespeichertem *Erfahrungswissen* werden Hypothesen aufgestellt. Die Ebene des *Ablaufwissens* berücksichtigt zusätzlich bereits abgeschlossene vorhergehende Aktionen der Aktoren, damit Folgefehler gefunden werden. Voraussetzung hierfür ist die Speicherung der durchgeführten Aktorbefehle (sog. Steuerungshistorie). Mit Hilfe des in der dritten Ebene gespeicherten *Strukturwissens* wird auf weitere gestörte Komponenten geschlossen, die strukturell mit einer gestörten Komponente zusammenhängen.

Zusätzlich zur Bearbeitung von Fehlermeldungen werden nach jeder Fertigmeldung einer Aktoraktion prophylaktisch die geplanten System- und Umgebungszustände mit den realen Zuständen verglichen, sofern diese sensorisch erfaßt werden. Aus Differenzen werden mit den Methoden der Ebene des *Zustandswissens* bereits frühzeitig Hypothesen über vermutete Störungsursachen aufgestellt, bevor eine Störung weitere Schäden verursacht.

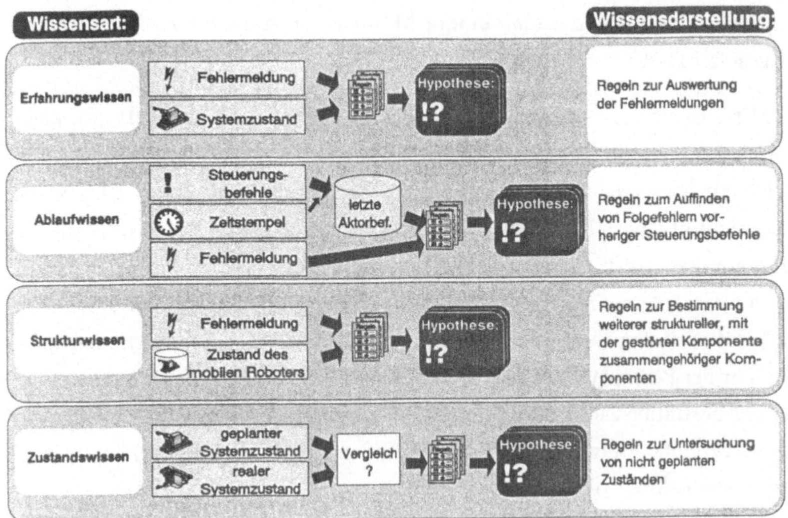

Bild 7.12 :   Strukturierung und Anwendung des Diagnosewissens im Führungs-
rechner eines mobilen Roboters

Bei der Realisierung des Führungsrechners kann eine stufenweise Implementierung der verschiedenen Ebenen des Diagnosewissens erfolgen. In der ersten Stufe ist es zur Behandlung einfacher Störungen ausreichend, die im Erfahrungswissen der ersten Ebene gespeicherten Fehlerkausalitäten zu berücksichtigen. Komplexere Störungsursachen werden aber nicht erkannt, so daß der Bediener häufiger bei der Störungsbehandlung unterstützend eingreifen muß. Erst bei fortgeschrittenen Ansprüchen an die Autonomie eines mobilen Roboters ist es notwendig die drei weiteren Ebenen des Diagnosewissens zu implementieren.

7.5.4   Verifikation von Hypothesen

Nach der Aufstellung der Hypothesen über die Störungsursache wird geprüft, welche Hypothesen im vorliegenden Fall zutreffen. Bei der Verifikation der Hypothesen ist die sensorielle Bestimmung der dazu notwendigen Fakten teilweise sehr aufwendig. Das Ziel muß es deshalb sein, maximale Gewißheit über die

Richtigkeit der Hypothesen mit einem Minimum an Aufwand zur Beschaffung zusätzlicher Daten zu bekommen (PUPPE 1993, S. 133).

Zur Minimierung des Aufwands zur Datenbeschaffung während der Hypothesenverifikation eignen sich keine Standard-Auswertestrategien, wie die herkömmliche Rückwärtsverkettung, da diese den Aufwand zur Beschaffung von Daten unberücksichtigt lassen. Im Gegensatz zur Rückwärtsverkettung, bei der bis zur Verifzierung oder Falsifizierung einer Hypothese nur die dazu notwendigen Fakten betrachtet werden, findet deshalb bei dem hier betrachteten Verfahren eine gleichzeitige Betrachtung aller Fakten und des Aufwands zu deren Bestimmung statt. Vor der Bestimmung eines neuen Faktums wird zunächst ein Vergleich aller noch zu bestimmenden Fakten anhand einer Aufwandsmatrix durchgeführt, mit der der zeitliche Aufwand für die Bestimmung von Fakten abgeschätzt werden kann (siehe Bild 7.13).

Faktum	FA	FB	FC	FD	FE	FF	FG	FH	
geschätzer zeitl. Aufwand zur Überprüfung des Faktums	10	50	40	20	30	60	40	40	
									Summe d. Aufwands zur Verifikation
Bedingung zur Verifizierung von Hypothese 1	FA		FC		FE				80
Bedingung zur Verifizierung von Hypothese 2		FB	FC			FF			150
Bedingung zur Verifizierung von Hypothese 3			FC	FD			FG	FH	140

Bild 7.13 :   Beispiel einer Aufwandsmatrix, in der der Aufwand zur Verifikation mehrerer Hypothesen verglichen wird

Der Aufwand zur Bestimmung jedes benötigten Faktums wird durch die Anzahl der noch nicht verifzierten und falsifizierten Hypothesen geteilt. Dies hat zur Folge, daß Fakten, die mit wenig Aufwand bestimmt werden können (wie Faktum FA in Bild 7.13), sowie Fakten, die zur Verifikation mehrerer Hypothesen eingesetzt werden können (wie FC in Bild 7.13), bevorzugt behandelt werden. Das jeweils ausgewählte Faktum wird bestimmt, und Hypothesen, die anhand des

Ergebnisses falsifiziert werden konnten, werden aus der Hypothesenmenge gestrichen. Anschließend findet eine neue Berechnung des Bestimmungsaufwands und darauf aufbauend die Auswahl des als nächstes zu bestimmenden Faktums statt. Durch dieses iterative Verfahren kann sichergestellt werden, daß Informationen über zwischenzeitlich ermittelte Fakten sofort zur Berechnung des Bestimmungsaufwands für das nächste Faktum eingesetzt werden. Dadurch kann der Gesamtaufwand für die Verfizierung aller Hypothesen minimiert werden.

7.5.5   Behebung von Störungen

Ist eine Hypothese zur Störungsursache verifiziert worden, so führt das regelbasierte System eine Störungsbehebung durch. Durch die Zusammenarbeit mit der Koordinierungsplanung wird parallel versucht, die Konsequenzen der Störung für die gesamte Produktionsanlage gering zu halten.

Vor der eigentlichen Störungsbehebung schätzt das regelbasierte System den Aufwand zur Störungsbehebung zusammen mit der voraussichtlichen Dauer der Störungsbehebung ab. Ist eine kurzfristige, rein lokale Störungsbehebung innerhalb der Ausführungssteuerung nicht möglich, wird eine Störungsmeldung an das Koordinierungsplanungsmodul gesandt, damit dort über die weitere Störungsbehandlungsstrategie entschieden wird (siehe Bild 7.14). Dabei wird u. a. auch festgelegt, welcher Elementarauftrag, im Hinblick auf die Störungen des Systems, als nächstes bearbeitet werden soll.

Die Störungsbehebung im regelbasierten System ist zweistufig aufgebaut. In der ersten Stufe, der eigentlichen Störungsbehebung, wird versucht die Störungsursache zu beseitigen. Hierfür werden spezielle Störungsbehebungsregeln angewandt,

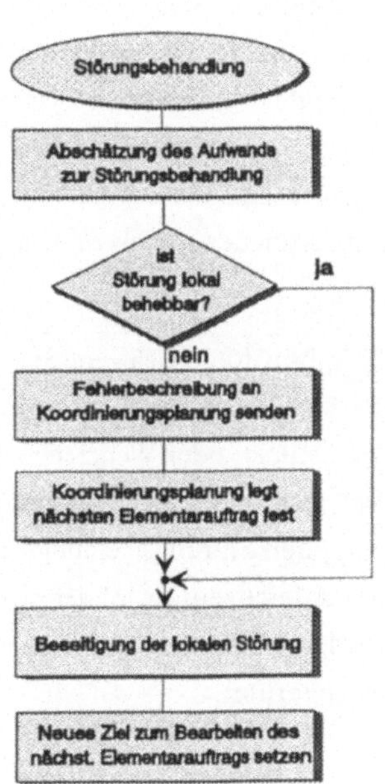

Bild 7.14 : Überblick über die vom regelbasierten System ausgehende Störungsbehandlung

deren einziges Ziel es ist, einen mobilen Roboter unabhängig von der bearbeiteten Aufgabe in einen definierten Systemzustand zu bringen. Beispielsweise wird der Roboterarm während der Manipulation eingefahren, um bei zu niedriger Akkuspannung zur Ladestation zu fahren. In Sonderfällen wird bei der sog. *partiellen Störungsbehebung* nicht die eigentliche Störungsursache beseitigt, sondern lediglich für die Fortsetzung des Betriebes gesorgt. Bei einem defekten Roboterarm eines Zweiarmroboters ist es beispielsweise immer noch möglich, Aufträge auszuführen. für die nur ein Roboterarm notwendig ist. So kann die Aufgabenbearbeitung in einer mannlosen Schicht trotz einer Störung fortgesetzt werden (vgl. SCHÖNECKER 1992, S. 18).

Während der zweiten Phase der Störungsbehandlung versucht das regelbasierte System, den mobilen Roboter in den Zustand zu bringen, der zur Fortführung der Aufgabenbearbeitung notwendig ist. Hierfür werden ähnlich wie bei der Aufgabenexpansion die für die Aufgabenbearbeitung geforderten Systemzustände mit den realen verglichen und schrittweise die realen Zustände durch gezielte Aktionen der Aktoren angeglichen. Beispielsweise fährt der Roboter nach dem durch eine Unterspannungsmeldung der Akkuüberwachung ausgelösten Wechsel der Akkus wieder zurück zu dem Ort, an dem er die Aufgabenbearbeitung fortsetzen muß.

Lediglich folgenschwere Störungen, bei denen durch die Störung oder während der Störungsbehandlung bleibende Umgebungsänderungen, z. B. durch zerstörte Werkstücke oder Werkzeuge. hervorgerufen wurden, erfordern eine Umplanung. Der gestörte Elementarauftrag wird in diesem Fall von der Ausführungssteuerung mit einer Störungsmeldung versehen und an die Aufgabenplanung zurückgegeben. Gleichzeitig wird der neue Umgebungszustand an die Aufgabenplanung gemeldet. Aufbauend auf den neuen Daten wird dort eine Um- oder Neuplanung durchgeführt.

7.6   Organisation der Kommunikation während der Aufgabenausführung

Neben den Verhandlungen während der kooperierenden Planung zur Aufgabenverteilung gibt es zwei weitere Fälle, in denen eine Kommunikation auch während der Auftragsbearbeitung notwendig ist. Beim ersten Fall müssen voneinander unabhängig arbeitende autonome Einheiten interagieren, wenn sich ihre Gefahrenbereiche überschneiden. Typisches Beispiel hierfür ist das Zusammentreffen zweier autonomer Fahrzeuge an einer Kreuzung mit den dadurch notwendigen Verhandlungen, wer die Kreuzung zuerst passieren darf. Beim zweiten Fall arbeiten mehrere autonome Systeme an einer gemeinsamen Aufgabe und müssen sich dabei gegenseitig abstimmen, um Kollisionen zu vermeiden. Bei beiden Fällen handelt es sich um Probleme während der Aufgabenausführung, die nur die Ausführungssteuerung betreffen. Um eine Begrenzung der Kommunikation auf sehr einfache Synchronisationsmeldungen zu vermeiden, wird die Kommunikation in diesem Fall vom regelbasierten System gesteuert, da die vielen denkbaren Möglichkeiten eines Kommunikationsverlaufs weit über den Rahmen von Ablaufnetzen hinausgehen.

Zur Schlichtung von Situationen, in denen zwei unabhängig arbeitende autonome Einheiten aufeinandertreffen, gibt es mehrere Möglichkeiten. In einfachen Standardsituationen ist es ausreichend, die Situation mit vorgegebenen Schlichtungsregeln („rechts vor links") zu bereinigen. Eine andere Möglichkeit ist die Konfliktlösung durch eine übergeordnete Instanz. Im Hinblick auf die Selbständigkeit und Unabhängigkeit der autonomen Einheiten ist diese Lösung jedoch nicht wünschenswert. Schließlich können auch Regeln für eine aktive Verhandlung zwischen den betroffenen Einheiten aufgestellt werden. AZARM & SCHMIDT (1995, S. 306F) lassen zum Beispiel zwei aufeinandertreffende Fahrzeuge ihre Prioritäten mit Hilfe einer Kostenfunktion aushandeln. Jede Einheit schätzt dabei den Mehraufwand ab, der entsteht, wenn der jeweilige Verhandlungspartner eine höhere Priorität und damit die Vorfahrt bekommt. ALAMI U. A. (1995, S. 2573FF) versuchen Konflikte bei der Nutzung gemeinsam genutzter Ressourcen, wie z. B. Fahrtrassen und Kreuzungen, gleich zu vermeiden. Sie lassen die autonomen

Einheiten laufend die Nutzung der gemeinsamen Ressourcen miteinander abstimmen.

Im Führungsrechner werden Nachrichten während einer darartigen auftragsunabhängigen Kommunikation genauso wie asynchron eintreffende Störungsmeldungen bearbeitet. Im regelbasierten System wird hierfür kurzfristig das höherpriorisierte Ziel der Bearbeitung der eingetroffenen Nachricht aktiviert. Stellt sich bei der Bearbeitung der Nachricht heraus, daß sie unwichtig oder redundant ist, so wird die unterbrochene Aufgabenbearbeitung unmittelbar fortgeführt.

Ganz andere Anforderungen ergeben sich bei der gemeinsamen Bearbeitung von Aufgaben durch mehrere autonome Einheiten, denn die gegenseitigen Nachrichten werden in diesem Fall erwartet. Ihre Bearbeitung kann gleich in den betroffenen Auftragsbearbeitungs-Regelmengen vorgesehen werden. Teilweise ergeben sich dabei aber zeitkritische Anforderungen an die Synchronisation der beteiligten autonomen Einheiten, so daß umfangreiche Kommunikationsprotokolle nicht angewandt werden können. Unter Umständen kann in diesem Fall ein problemangepaßtes bilaterales Protokoll, das durch den Verzicht auf zusätzliche protokollspezifische Zusatzdaten weniger umfangreich ist, angewandt werden. Ein Beispiel für eine solche zeitkritische Synchronisation ist die Robotersteuerung KAMARA (LÜTH & LÄNGLE 1994, S. 1516FF), in der die Verteilung von Aufgaben normalerweise durch einen Verhandlungsmechanismus durchgeführt wird. In einigen zeitkritischen Fällen, zum Beispiel bei komplexen Zweiarm-Manipulationsaufgaben, werden jedoch mehrere Agenten direkt über spezielle Kommunikationskanäle mit hohen Transferraten angesteuert.

Im Führungsrechner eines mobilen Roboters werden solche sehr schnellen Kooperationsmechanismen beispielsweise während der gleichzeitigen Ansteuerung von Roboterarm und mobiler Plattform bei kontinuierlichen Fertigungsvorgangen an großen Werkstücken benötigt. Die mobile Plattform muß dafür sorgen, daß die darauf befindlichen Manipulatoren in einem gewissen Bereich günstiger Armkonfigurationen bleiben, so daß sie stets die Möglichkeit haben, kleinere Abweichungen auszuregeln, ohne die Gelenkanschläge zu erreichen (NASSAL U. A. 1993, S. 344). Im Gegenzug muß der Roboterarm in der Lage sein, sensorgestutzt eventuelle Fahrzeugfehler auszugleichen (MIKSCH & SCHRÖDER 1993, S. 331FF).

Um die dazu notwendige schnelle Kommunikation zwischen einem mobilen Roboter und einem fahrerlosen Transportsystem (FTS) durchführen zu können, verhandeln beide zunächst über den allgemeinen Kommunikationskanal, ob und wann sie in einen Kooperationszustand gehen wollen. Während sich mobiler Roboter und FTS in diesem Kooperationszustand befinden, sind sie zusätzlich über einen speziellen schnellen Kooperationskanal verbunden. Darüber senden sich deren Ausführungssteuerungen gegenseitig Informationen auf einem sehr niedrigen Abstraktionsgrad zu (siehe Bild 7.15). Der Kooperationskanal muß auf die Klassen der kooperierenden Einheiten abgestimmt sein, z. B. durch die Definition eines speziellen Protokolls zur Kooperation eines mobilen Roboters mit einem Transportfahrzeug. Um unnötigen Balast beim Kooperationsprotokoll zu vermeiden, wird auf eine Verallgemeinerung der Kooperationsprotokolle auf alle möglichen Kooperationspartner verzichtet. Statt dessen werden die einzelnen bilateralen Protokolle so weit wie möglich optimiert.

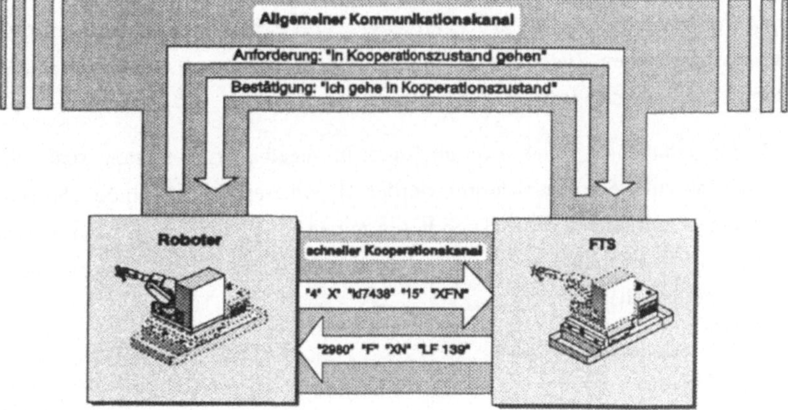

Bild 7.15 :   Informationsaustausch auf niedrigem Abstraktionsgrad mit Hilfe eines speziellen Kooperationskanals

7.7   Zusammenfassung

Die Ausführung der Elementaraufträge durch die Ausführungssteuerung ist ein
sehr komplexes Problem, da hier ein Großteil der umgebungsabhängigen Entscheidungen für die Auftragsbearbeitung getroffen werden muß. Die Auftragsbearbeitung wird deshalb von einem *regelbasierten System* gesteuert, in dem das
komplexe Bearbeitungswissen relativ übersichtlich dargestellt werden kann. Einfache wiederkehrende Befehlssequenzen hingegen werden durch zeitbehaftete
Petri-Netze dargestellt, die von einem *Netzinterpreter* abgearbeitet werden. Um
eine echtzeitfähige Reaktion auf alle eintreffenden Meldungen sicherzustellen,
obwohl das regelbasierte System keine Reaktionszeiten garantieren kann, werden
alle eintreffenden Meldungen zunächst von einem *Nachrichtenvorverarbei-
tungsmodul* vorverarbeitet. Sind zeitkritische Reaktionen notwendig, werden
diese dort sofort ausgelöst.

Die Regeln im regelbasierten System sind aus Gründen der Übersichtlichkeit und
geringeren Fehleranfälligkeit in *Regelmengen* strukturiert. Das regelbasierte System setzt jeweils ein Ziel, das als nächstes erreicht werden soll, und aktiviert damit eine der Regelmengen.

Auch die *Behandlung von Störungen* findet im regelbasierten System statt. Zur
Bearbeitung einer Störungsmeldung werden Hypothesen über die mögliche Störungsursache aufgestellt, diese Hypothesen mit einem modifizierten Algorithmus
zur Rückwärtsverkettung verifiziert und anschließend eine schrittweise Störungsbehebung eingeleitet.

8 Realisierung und beispielhafte Anwendung

8.1 Übersicht

In diesem Kapitel wird als Beispiel für die Realisierung eines Führungsrechners gemäß dem in den vorherigen Kapiteln hergeleiteten Konzept die am iwb entwikkelte Führungsrechnersoftware *PetRIS* (**P**etri-Netz und **R**egelbasierte **I**ntelligente Roboter-**S**teuerung) vorgestellt.

Zunächst wird der mobile Roboter MOBROB sowie die Produktionsumgebung beschrieben, die als Versuchsumgebung von *PetRIS* diente. Für wichtige Teilbereiche von *PetRIS* werden Details der Realisierung beispielhaft beschrieben. Dies soll veranschaulichen, wie das Konzept des Führungsrechners in einer vorgegebenen Umgebung umgesetzt werden kann.

8.2 Die Versuchsumgebung

8.2.1 Der mobile Roboter MOBROB

Der am Institut für Werkzeugmaschinen und Betriebswissenschaften *(iwb)* entwickelte mobile Roboter MOBROB (siehe Bild 8.1) diente als Versuchsplattform zur Erprobung der Steuerungssoftware *PetRIS*. Sein Hauptbestandteil ist ein herkömmlicher Industrieroboter vom Typ Manutec r15 mit Armverlängerung, der zusammen mit der Steuereinheit sowie akkubasierter Energie- und Druckluftversorgung auf einem Grundträger aufgebaut ist (KLIPPEL 1988, S. 89FF / NABER 1991, S. 80FF). Er kann damit sowohl stationär eingesetzt werden als auch abwechselnd von einem herkömmlichen spurgebundenen fahrerlosen Transportsystem („DEMAG FTS") oder vom flächenverfahrbaren fahrerlosen Transportsystem „FLEXL II" (siehe Bild 8.1) transportiert werden, das am *iwb* auf Grundlage der Steuerung des am Institut für Steuerungstechnik der Werkzeugmaschinen und Fertigungseinrichtung der Universität Stuttgart entwickelten „FLEXL I" (JANTZER 1990, S. 104FF) aufgebaut wurde. Der Grundträger des mobilen Roboters ist mit den gleichen Aufnahmevorrichtungen wie die in der Produktionsumgebung des *iwb* verwendeten Werkstück- und Werkzeugpaletten ausgestattet. So können die beiden fahrerlosen Transportsysteme abwechselnd den mobilen Roboter und Paletten mit Werkstücken oder Werkzeugen transportieren.

Bild 8.1 :   *Der mobile Roboter* **MOBROB** *auf dem flächenverfahrbaren fahrerlosen Transportsystem* **FLEXL II**

Zur Umgebungserkennung ist der mobile Roboter mit einer CCD-Kamera im Greiferflansch des Roboters und einem Stereo-Laserscannersystem ausgestattet. Die CCD-Kamera dient zur Objektlokalisierung bei Manipulationsaufgaben, mit dem Stereo-Laserscannerssystem referiert sich der mobile Roboter an Maschinen oder Lastständen.

Die Datenverarbeitung im mobilen Roboter erfolgt in einer SUN-Workstation unter dem Betriebssystem Solaris, einer Variante von UNIX. Da Solaris, wie fast alle UNIX-Varianten, nicht echtzeitfähig ist, können bei dieser Implementierung nicht Grenzwerte für die Reaktionszeiten auf neue Sensorwerte garantiert werden. Darüber hinaus ist auch das verzögerungsfreie Ansprechen der RCM3-Steuerung des Manutec r15-Roboters über die serielle Schnittstelle der Workstation nicht gewährleistet, falls die Workstation durch andere Rechenprozesse überlastet ist. Dies kann aufgrund von Zeitgrenzen des Übertragungsprotokolls zu einem Verbindungsabbruch führen. Bei der Realisierung eines industrietauglichen mobilen Roboters muß aus diesen Gründen ein echtzeitfähiges Datenverarbeitungssystem eingesetzt werden.

8.2.2 Das Produktionsumfeld

Als Grundlage für die Konzeption der lokalen Planungs- und Kooperationsfähigkeiten des Führungsrechners wurde in diesem Realisierungsbeispiel eine Möglichkeit der Produktionssteuerung spezifiziert, bei der die Fähigkeiten der autonomen Einheiten optimal genutzt werden können. Eine genauere Beschreibung ist in (REINHART & PISCHELTSRIEDER 1995) zu finden. Diese Referenz-Produktionsumgebung (siehe Bild 8.2) soll einen Kompromiß zwischen zentraler und dezentraler Produktionssteuerung darstellen, der die Nachteile der im Kapitel 2 be-

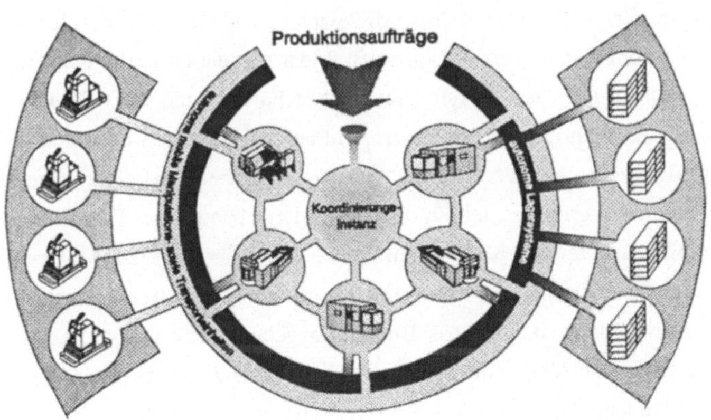

Bild 8.2 :   Übersicht über die autonome Produktionsumgebung

schriebenen Ansätze so weit wie möglich vermeidet.

Bei der Konzeption des Steuerungs- und Planungsmechanismus wurde grundsätzlich eine sehr komplexe und dynamisch veränderliche Produktionsumgebung angenommen. In dieser Umgebung sind exakte Terminzusagen unbrauchbar, da dynamische Umgebungsveränderungen durch lokale Störungen und nachträglich eingelastete Eilaufträge nicht vorhergesehen werden können. Langfristige Terminvorhersagen können so nach dem Vorbild herkömmlicher zentral gesteuerter Produktionsanlagen mit PPS-Systemen nur mit kapazitiven Vorhersagen begründet werden.

Die Aufgaben werden von einer sog. zentralen *Koordinierungsinstanz* in Verhandlungen an die einzelnen autonomen Einheiten verteilt. Die Einplanungsreihenfolge entspricht prinzipiell der Reihenfolge bei Einplanungen nach dem Schiebeprinzip (siehe Bild 2.4). Um schnell auf Veränderungen reagieren zu können, werden jeweils nur wenige Teilschritte im voraus geplant.

Die Kommunikationsverbindung zwischen den autonomen Einheiten wird nur genutzt, wenn die Einheiten direkt miteinander interagieren bzw. kooperieren. oder während der kooperierenden Störungsbehandlung zur Weitergabe terminkritischer Aufgaben an nicht gestörte Einheiten.

Die zentrale Koordinierungsinstanz benötigt für die Überwachung der Auftragsausführung nur einen Überblick über die wichtigsten Produktionsschritte. nicht aber über Planungsdetails beim Materialfluß, der nur die einzelnen Produktionsschritte verbindet. Die Planung der Materialbeschaffung und des Materialflusses wird deshalb zur Reduzierung des zentralen Planungsaufwands an die autonomen Einheiten delegiert. Sie müssen die für die Aufgabenbearbeitung benötigten Werkstücke oder Werkzeuge selbständig anfordern. Fahrerlose Transportsysteme sowie mobile Roboter als Komponenten zur Realisierung des Materialflusses müssen deshalb Aufträge von mehreren Bearbeitungseinheiten koordiniert einplanen können. Damit ist ein gutes Beispiel gegeben, wie eine Menge von Aufgaben mit Hilfe von Verhandlungen auf einen Pool konkurrierender Einheiten verteilt werden kann.

8.3   Die programmtechnische Realisierung von *PetRIS*

PetRIS wurde als ein verteilt arbeitendes System von parallelen Rechenprozessen implementiert. Die Prozesse des Führungsrechners sind Aufgabentransformation, Aufgabenplanung, Nachrichtenvorverarbeitung, regelbasiertes System und Netzinterpreter.

Die Realisierung wurde in der Programmiersprache C++ durchgeführt. Zur Kommunikation zwischen den einzelnen Prozessen wurde eine TCP/IP-basierte Client-/Server-Kommunikationsplattform entwickelt (siehe Bild 8.3). Die Kommunikationsplattform übernimmt alle organisatorischen Aufgaben zur Weiterleitung von Nachrichten an den gewünschten Empfänger. Hierfür wird in einem sog. *Directory-Server* gespeichert, auf welchem Rechner sich jeder Prozeß befindet. Der sog. *Vermittlungsserver* fragt dort die Daten zur korrekten Weiterleitung von Nachrichten ab. Zur Ankopplung an die Kommunikationsplattform baut jeder Prozeß des Führungsrechners auf einer einheitlichen Kommunikationsschicht auf. Die einzelnen Programmbausteine zur Bearbeitung von Dienstaufrufen werden nur noch an diese Schicht angekoppelt (D1-D5 in Bild 8.3).

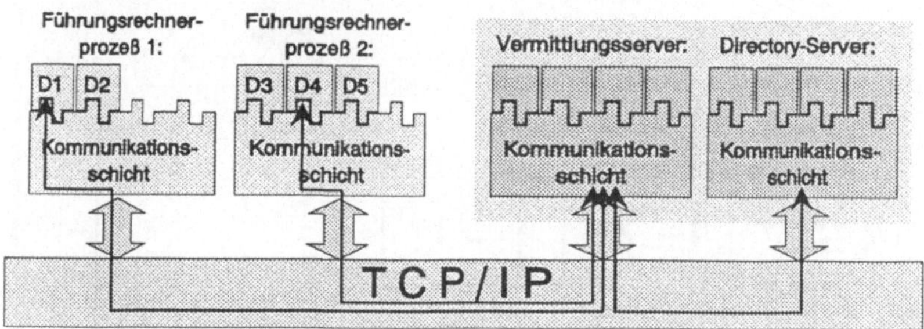

Bild 8.3 :   Aufbau der für alle Führungsrechnerprozesse einheitlichen Kommunikationsplattform

Für den Betrieb des mobilen Roboters sind neben den Modulen von *PetRIS* zusätzlich Treiber zur Ansteuerung von Sensoren und Aktoren nötig. Zur Kommunikation mit der RCM3-Steuerung des Industrieroboters wurde ein Treiberprozeß entwickelt, der ein Ansprechen der Steuerung über die serielle Schnittstelle der

Workstation auf dem mobilen Roboter ermöglicht. Ähnliche Treiberprozesse wurden auch für die Kamera im Greiferflansch sowie für ein Laserscannersystem implementiert. Daneben wurde die Kommunikationsschnittstelle in das 3D-Simulationssystem USIS integriert, um dort umgebungsabhängige Roboterprogramme generieren zu können.

Um Aufträge von anderen Einheiten in der Produktionsumgebung entgegennehmen zu können, wurde darüber hinaus ein Gateway zur dort verwendeten Kommunikationsplattform DAE von IBM implementiert.

Zusätzlich wurde zur Visualisierung der verteilten Prozesse des Führungsrechners und der angeschlossenen Komponententreiber eine Bedieneroberfläche angekoppelt (siehe Bild 8.4). Hier kann nicht nur jeder Führungsrechner-Prozeß gezielt angesprochen werden, sondern es wird auch der im Führungsrechner gespeicherte Umgebungszustand vereinfacht visualisiert.

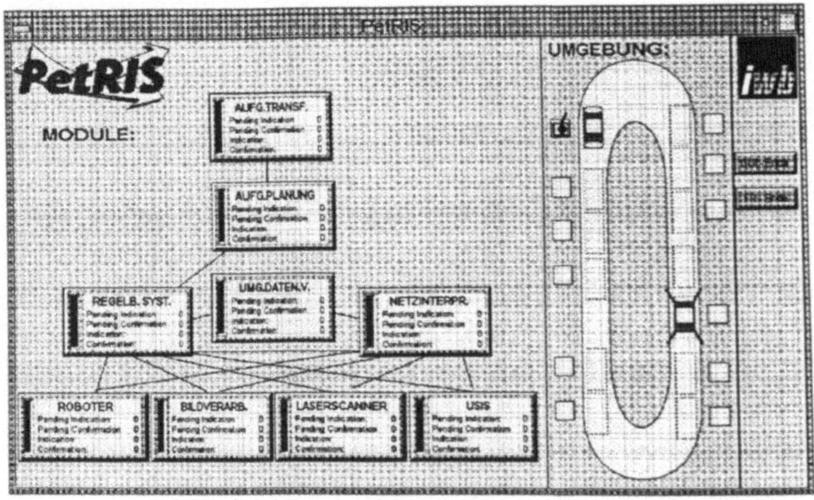

Bild 8.4 :   *Bedieneroberfläche von PetRIS zur zentralen Überwachung der verteilten Prozesse*

Aufgrund der von manchen Modulen benötigten hohen Rechenleistung, besonders der Bildverarbeitung und des 3D-Simulationssystems USIS, war die Verteilung der Prozesse auf mehrere Workstations notwendig. Lediglich die Treiberprozesse für die Sensor- und Aktoransteuerung sind an die Workstation des mobilen Roboters gebunden. Alle anderen Prozesse können aufgrund der Flexibilität der Kommunikationsschicht beliebig auf die zur Verfügung stehenden Workstations verteilt werden (siehe Beispiel in Bild 8.5).

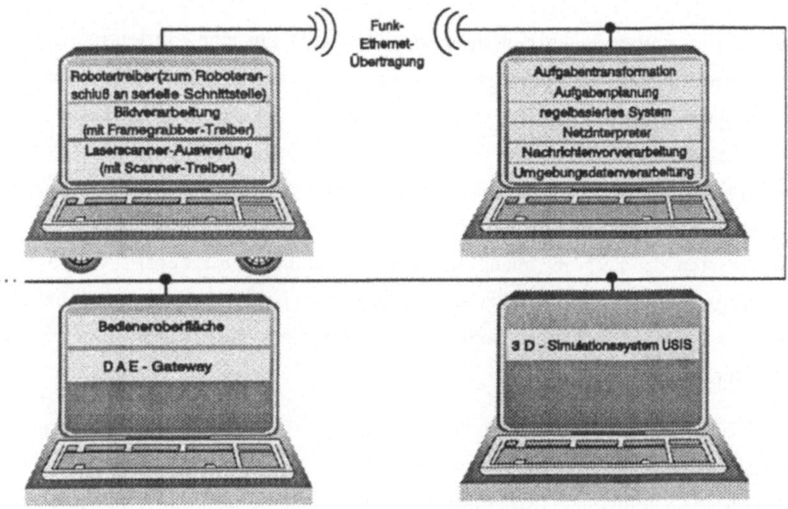

Bild 8.5 : Verteilung der zum Betrieb des mobilen Roboters notwendigen Prozesse auf mehrere Workstations

8.4 Die kooperierende Planung mit *PetRIS*

Die Implementierung der Planungsalgorithmen für das verteilte kooperierende Planen mit *PetRIS* machte aufgrund der einzuplanenden Kooperationen eine neue Programmstruktur notwendig. Planungsalgorithmen, die nicht die Möglichkeit zur Einplanung von Kooperationen bieten, können einen Bearbeitungsplan unterbrechungsfrei erstellen. Die betrachteten Planungsalgorithmen hingegen müssen zur Einplanung von Kooperationen nach dem Aussenden von Kooperationsanforderungen jeweils auf die Rückmeldungen der kooperierenden Einheiten warten. Der Pool der einzuplanenden Aufgaben, sowie die Anzahl der für die kooperierende Bearbeitung von Aufgaben zur Verfügung stehenden Einheiten ändert sich aber während den Wartezeiten durch ständig neu eintreffende Aufgaben oder durch Störungsmeldungen. Die Planungsalgorithmen müssen daher an allen Stellen, an denen auf Rückmeldungen gewartet wird, neue Fakten registrieren und verarbeiten können.

Die Planungsalgorithmen benötigen deshalb nicht nur eine eindeutige Schnittstelle zur Ausgabe des Planungsergebnisses, sondern der Zustand des Planungsvorgangs muß an jeder Stelle, an der zum Warten auf eine Rückmeldung unterbrochen werden muß, genau definiert sein. Dies wurde durch einen zentralen Datenbereich für alle Planungsdaten realisiert. Dieser enthält nicht nur Listen mit den bereits eingeplanten und den nicht eingeplanten Elementaraufträgen, sondern auch Listen der aufgrund mangelnder Kooperationspartner bereits verworfenen Planungsmöglichkeiten. Die Planungsalgorithmen bauen nur auf dem Inhalt dieser exakt definierten Listen, nicht aber auf anderen undokumentierten Planungsparametern auf.

Zur Verifikation der grundsätzlichen Funktionsfähigkeit der Planungsalgorithmen wurde der mobile Roboter zusammen mit den beiden fahrerlosen Transportsystemen (FTS) eingesetzt. Wie bereits oben erwähnt, können die FTS in der Versuchsumgebung sowohl den mobilen Roboter als auch Paletten mit Werkzeugen oder Werkstücken transportieren. Aus diesem Grund müssen die beiden FTS auch unabhängig vom mobilen Roboter arbeiten können und sind deshalb nicht seiner Ausführungssteuerung untergeordnet, sondern bilden unabhängige autonome Einheiten. Die beiden FTS wurden für diesen Versuch mit einer leicht an die veränderte Hardware angepaßten *PetRIS*-Version ausgestattet, um die einfache Konfigurierbarkeit von *PetRIS* zu demonstrieren. Will der mobile Roboter transportiert werden, muß er einen entsprechenden Kooperationsvertrag mit einem der fahrerlosen Transportsysteme abschließen. Die Verhandlungen des mobilen Roboters dienen deshalb als praxisnahes Beispiel zur Untersuchung des Zusammenspiels mehrerer flexibler autonomer Einheiten bei der Aufgabenverteilung.

Die Anwendbarkeit der Planungsalgorithmen bei einer größeren Anzahl autonomer Einheiten wurde darüber hinaus ansatzweise anhand einer Simulation verifiziert, in der mehrere autonome Einheiten um eine Menge von Aufgaben konkurrieren.

8.5 Darstellung der Fähigkeiten des mobilen Roboters durch Aufgabenschablonen

Der erste Schritt bei der Anpassung eines Führungsrechners an die Aufgaben, die eine autonome Einheit durchführen soll, ist die Aufstellung von Aufgabenschablonen (siehe Abschnitt 6.3.3). Die Aufgabenschablonen müssen einerseits möglichst allgemein formuliert sein, sollten aber andererseits ausreichend konkrete Informationen für eine genaue Planung bieten. So ist es beispielsweise sehr wichtig zu wissen, aus wievielen Teilschritten eine Aufgabenbearbeitung besteht, da dies die Planungen direkt beeinflußt.

Bei den implementierten Aufgabenschablonen für Manipulationsvorgänge wird deshalb beispielsweise unterschieden, ob sich Greif- und Zielposition eines Objekts von einem Standort des mobilen Roboters aus erreichen lassen.

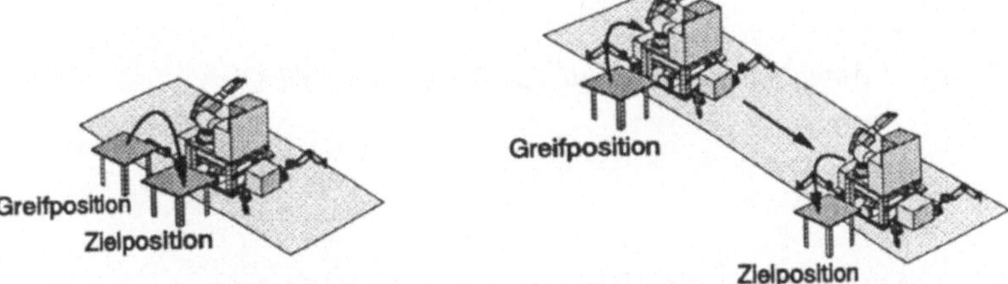

Bild 8.6 : Beispiel zur Unterscheidung von Aufgabenschablonen anhand der Teilschritte, die für die Aufgabenbearbeitung notwendig sind

Ist dies nicht der Fall, besteht der Manipulationsvorgang aus mehreren Teilschritten, da die zu handhabenden Teile zunächst auf dem fahrerlosen Transportsystem zwischengelagert und nach dem Verfahren zum Zielort von dort wieder aufgenommen werden müssen (siehe Bild 8.6).

Um diese Fälle schon bei der Aufgabentransformation zu unterscheiden, wird in den Bedingungen der betroffenen Aufgabenschablonen mit Hilfe eines neu definierten Operators abgefragt, ob Greif- und Zielposition vom gleichen Roboterstandort aus erreicht werden können (siehe Bild 8.7).

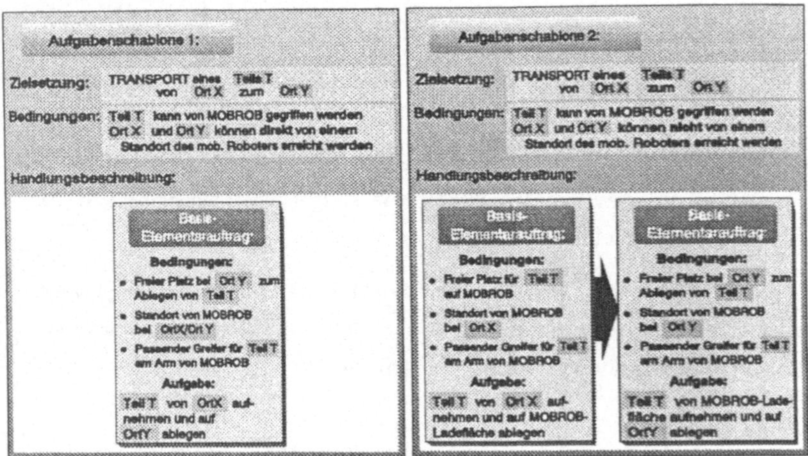

Bild 8.7 :   Aufgabenschablonen für das Beispiel aus Bild 8.6

8.6   Darstellung gleichbleibender Ablaufsequenzen mit einem Ablaufnetz

Die in den Aufgabenschablonen angegebenen Basis-Elementaufräge sowie die zur Erfüllung der Bearbeitungsbedingungen notwendigen eingeschobenen Expansions-Elementaufträge werden in der Ausführungssteuerung bearbeitet. Feste Ablaufsequenzen werden mit Hilfe von zeitbasierten Petri-Netzen dargestellt (siehe Abschnitt 7.4). Bei der Formulierung des Bearbeitungswissens ist es wichtig zu entscheiden, welcher Teil des Wissens als allgemeine Regeln und welcher Teil als Ablaufnetze dargestellt wird. Ein Beispiel eines sinnvollen Einsatzes des Netzinterpreters ist eine Kooperation mit wenig intelligenten Maschinen, bei denen während der Kooperation nur Synchronisationsmeldungen in einer vordefinierten Reihenfolge ausgetauscht werden. In Bild 8.8 ist ein Ausschnitt eines Net-

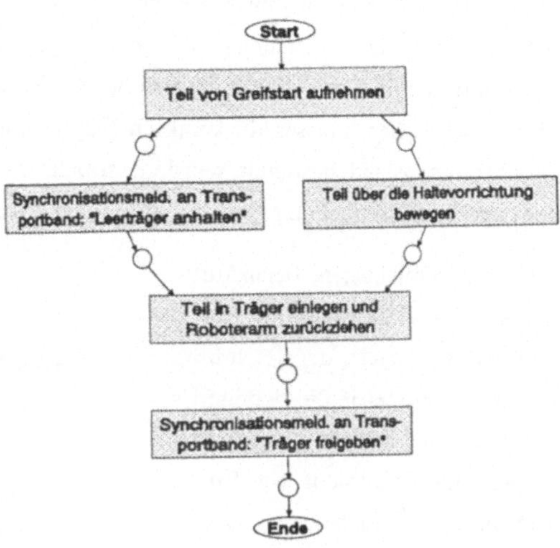

Bild 8.8 :   *Beispiel eines Ablaufnetzes zum Einlegen eines Teils auf ein Transportband*

zes für ein Einlegen eines Teils auf einem Transportband gezeigt, das auf Anweisung Leerträger anhalten kann. Sobald es einen Leerträger angehalten hat, sendet es die Rückmeldung an den Führungsrechner. Nach dem Einlegen des Teils gibt der Führungsrechner das Transportband wieder frei. In den Aufgabenbearbeitungsregeln kann der gesamte Einlegevorgang übersichtlich durch nur einen Netzinterpreter-Aufruf dargestellt werden.

8.7 Intelligente Aufgabenbearbeitung anhand eines Beispiels

Bei den meisten Aufgaben, die der mobile Roboter durchführen muß, werden im Gegensatz zu dem Beispiel aus dem letzten Abschnitt komplexe Entscheidungen getroffen. Ein sehr anschauliches Beispiel hierfür ist das sensorgestützte Greifen eines oder mehrerer Objekte mit nur ungefähr bekannter Position. Der mobile Roboter muß die Objekte mit Hilfe der Kamera im Greiferflansch suchen. Für die

Bestimmung der groben Objektpositionen wird der Suchbereich der Kamera durch Erhöhung des Betrachtungsabstands vergrößert. Um trotzdem eine für die Manipulation mit dem Roboter ausreichende Genauigkeit der Positionsbestimmung zu erreichen, müssen die exakten Objektpositionen mit einem geringeren Betrachtungsabstand bestimmt werden, sobald die ungefähren Positionen von einem größeren Betrachtungsabstand abgeschätzt wurden (siehe Bild 8.9).

Eine solche Objektsuche beinhaltet mehrere Schwierigkeiten für das regelbasierte System, denn es muß die Kamera immer in die richtigen Suchpositionen bringen sowie dem Bildverarbeitungssystem zur Eingrenzung des Suchraums möglichst viel Vorwissen zur Verfügung stellen. Darüber hinaus hängt die Anzahl der notwendigen Suchpositionen nicht nur vom Suchgebiet ab, sondern auch davon, wann alle gesuchten Teile gefunden wurden.

Bei der Bearbeitung eines Suchauftrags durch das regelbasierte System werden alle mit der Suche zusammenhängenden Daten, wie z. B. die angegebene Suchposition sowie die Parameter der bereits durchgeführten Such-

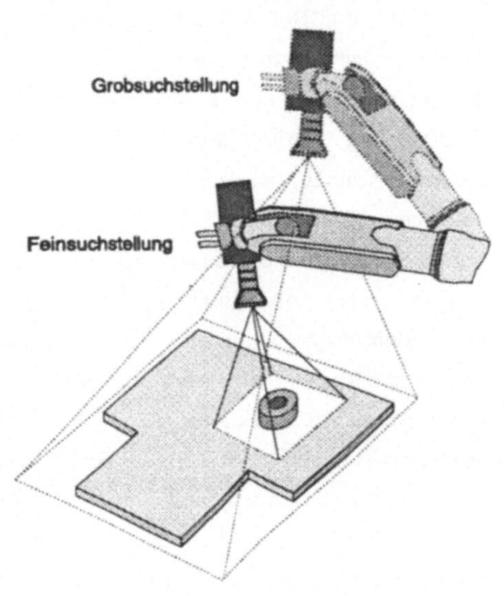

Bild 8.9 :   Gezielte Objektsuche durch einen mobilen Roboter

vorgänge, bei den Auftragsdaten zwischengespeichert. Nach jedem erfolglosem Suchvorgang werden die Suchparameter bestimmt, die beim nächsten Teilschritt die besten Chancen zum Auffinden eines gesuchten Teils bieten. Da die Parameter eines neuen Suchvorgangs von allen vorhergehenden Suchvorgängen abhängen, wäre bei diesem Problem eine Darstellung als Ablaufnetz sehr komplex und fehleranfällig.

8.8   Die kooperierende Störungsbehandlung mit anderen autonomen Einheiten

Bei der Bearbeitung von komplexen Aufgaben und besonders bei der Störungs-behandlung kann das regelbasierte System seine Stärken zeigen, da hier umfang-reiche Entscheidungsmöglichkeiten erforderlich sind. Ein sehr einfaches Beispiel verdeutlicht, wie die automatisierte Störungsbehandlung im Führungsrechner an-gewandt werden kann.

*Bild 8.10 :   Der mobile Roboter **MOBROB** bei einer Werkstückübergabe von der autonomen mobilen Plattform MACROBE*

In einem Versuch in der Produktionsumgebung des iwb mußte der mobile Robo-ter **MOBROB** von der autonomen mobilen Plattform MACROBE (vgl. AZARM

U. A. 1993, S. 81FF) Werkstücke übernehmen, die MACROBE aus einem weiter entfernten Lager geholt hatte (siehe Bild 8.10). Zur Übergabe der Teile wurde eine Übergabeposition vereinbart.

Das Problem war nun, daß der Greifbereich des mobilen Roboters nicht den gesamten Ladebereich von MACROBE enthielt. Wenn einzelne Werkstücke ungünstig auf dem Ladebereich lagen, mußte eine Störungsbehandlung durchgeführt werden. Dafür wurden zunächst die beiden Hypothesen aufgestellt, daß entweder ein Werkstück weniger als erwartet auf MACROBE geliefert wurde oder daß MACROBE an einer für den Roboter ungünstigen Greifposition stand. Die erste Hypothese konnte meist gleich falsifiziert werden, da alle gesuchten Werkstücke mit Hilfe des Bildverarbeitungssystems bereits gefunden worden waren. Die zweite Hypothese wurde mit Hilfe der vom Laserscannersystem ermittelten Relativposition von MACROBE gegenüber dem mobilen Roboter MOBROB bestätigt. Abhängig von der ermittelten Relativposition wurde ein Verfahrbefehl an MACROBE gegeben, an eine optimale Greifposition zu fahren. Sobald die zum Verfahrbefehl zugehörige Rückmeldung auf den Verfahrbefehl eingetroffen war, konnte die normale Aufgabenbearbeitung fortgesetzt werden.

8.9   Diskussion der Ergebnisse

Die reale Anwendbarkeit der verteilten Planung beim mobilen Roboter konnte durch die kooperierende Planung mit den beiden fahrerlosen Transportsystemen DEMAG FTS und FLEXL II gezeigt werden. Durch die Simulation mehrerer mobiler Roboter und fahrerloser Transportsysteme konnte die Anwendbarkeit des Konzepts auch bei einer größeren Anzahl von autonomen Einheiten gezeigt werden. Besonders positiv fiel dabei auf, daß einzelne Einheiten problemlos temporär aus dem Pool ausgegliedert werden können, wenn eine Störungssituation auftritt oder die Auftragslage nicht alle autonomen Einheiten ausreichend auslastet. Die schon eingeplanten Aufgaben werden einfach zurückgewiesen und anschließend in neuen Verhandlungen auf die verbleibenden Einheiten verteilt. Die Produktionsanlage kann auf diese Weise sehr schnell dynamisch umkonfiguriert werden.

Als wichtigste Voraussetzung für eine effektive verteilte Planung stellte sich der zeitliche Spielraum heraus, den die Auftraggeber für die Auftragsausführung zur Verfügung stellen. Der zeitliche Spielraum sollte mindestens ein dreifaches der tatsächlichen Bearbeitungsdauer betragen, im Normalfall aber fünf Mal so groß wie die tatsächliche Bearbeitungsdauer sein. Andernfalls sinkt die lokale Auslastung der einzelnen Einheiten aufgrund ungünstiger Bearbeitungstermine. Die Anzahl von Auftragsrückweisungen aber steigt, da kleinere Störungen nicht mehr lokal ausgeregelt werden können.

Auch die Aufspaltung der Ausführungssteuerung in ein regelbasiertes System und einen Netzinterpreter hat sich bewährt. In den in den Abschnitten 8.7 und 8.8 beschriebenen Beispielen konnte gezeigt werden, daß sich ein regelbasiertes System gut für die Darstellung von komplexen Bearbeitungswissen eignet. Durch die zielorientierte Regelbearbeitung mit der Möglichkeit zum Aufstellen von Zwischenzielen in einem Zielestack (siehe Bild 7.6) konnte auch die Ausnahme- und Störungsbehandlung gut in das Konzept eingebunden werden. Genauso konnten anhand von Beispielen Bereiche für die sinnvolle Anwendung eines Netzinterpreters aufgezeigt werden (siehe Abschnitt 8.6).

9 Zusammenfassung und Ausblick

In zukünftigen Produktionsanlagen wird aufgrund der sich wandelnden Anforderungen des Marktes zunehmend sowohl auf die Flexibilität der Einzelkomponenten als auch auf die der Gesamtanlage geachtet werden müssen. Im Bereich der Handhabung stellen autonome mobile Roboter neben dem Menschen die flexibelsten Einheiten dar. Jedoch müssen bei der Steuerung von mobilen Robotern sehr viele umgebungsabhängige Entscheidungen getroffen werden. Ein sinnvoller Einsatz ist, außer bei sich ständig wiederholenden Aufgaben, nur möglich, wenn die mobilen Roboter selbständig entscheiden und handeln können. Deshalb wurde in dieser Arbeit ein Konzept für die autonome Steuerung von mobilen Robotern in Produktionsanlagen entwickelt.

Der Einsatz von autonomen mobilen Robotern ist aufgrund der hohen Flexibilitätsanforderungen vor allem im Bereich der automatisierten Einzel- und Kleinserienfertigung, weniger bei der Massenfertigung, sinnvoll. Für die Einzel- und Kleinserienfertigung wurden die verschiedenen Möglichkeiten zur Auftragsverteilung, von einer vollständig zentral bis zu einer vollständig dezentral organisierten Auftragsverteilung, untersucht. Daraus wurden die Abhängigkeiten des Aufbaus des Führungsrechners der autonomen mobilen Roboter von der Organisationsstruktur seiner Umgebung hergeleitet. Große Abhängigkeiten ergaben sich vor allem aus der Art des eingesetzten Planungsverfahren zur Verteilung von Aufgaben auf die einzelnen autonomen Einheiten.

Aufbauend auf diesen Anforderungen der Produktionsumgebung an den Führungsrechner eines mobilen Roboters wurden die verschiedenen, derzeit in der Forschung angewandten Steuerungsarchitekturen für autonome mobile Roboter dargestellt und bewertet. Dabei wurde gezeigt, daß sich eine hierarchische Architektur zum Einsatz in einer strukturierten Umgebung, vor allem aufgrund ihrer Möglichkeiten zur Aufgabenplanung und ihrer Möglichkeit zur einfachen Integration von Vorwissen unterschiedlichen Abstraktionsgrades, am besten eignet. Um dabei nicht die Flexibilität durch die hierarchische Architektur zu beschränken, wurde innerhalb der hierarchischen Ebenen des vorgeschlagenen Ansatzes eine nichthierarchische Architektur gleichberechtigter Teilmodule zugelassen.

Das wichtigste Merkmal des Konzepts im Hinblick auf die Einbindung des mobilen Roboters in eine autonome Produktionsstruktur ist die Möglichkeit zur Teilnahme an einem verteilten Planungsprozeß. Die beschriebene Methode zur verteilten Planung baut auf dem Contract-Net-Protokoll auf, das um Elemente zur lokalen Terminplanung erweitert wurde. Der zweite wichtige Punkt des Konzepts ist die Ausführungssteuerung, die im Hinblick auf die verschiedenartigen auszuführenden Aufgaben aus zwei Bestandteilen aufgebaut wurde. Die Aufgabenbearbeitung wird darin genauso wie die Störungsbehandlung von einem regelbasierten System gesteuert, dem durch eine strukturierte Regelmenge ein mächtiges Werkzeug zur Darstellung von Entscheidungen gegeben ist. Lediglich für feste Sequenzen von Dienstaufrufen an Aktoren und Sensoren wird ein Netzinterpreter verwendet, der solche Abläufe durch zeitbehaftete Petri-Netze übersichtlich und damit weniger fehleranfällig darstellen kann.

Die zweigeteilte Ausführungssteuerung wurde am mobilen Roboter MOBROB ausgetestet. Als Grundlage umgebungsabhängiger Entscheidungen wurden dabei vor allem die Sensordaten des integrierten Bildverarbeitungssystems genutzt. Hier zeigte sich, daß die Strukturierung der Regeln in Regelmengen sowie deren Aktivierung mit Hilfe von festgelegten Zielen eine sehr gute Grundlage für die Aufstellung mehrfach anwendbarer Regeln darstellt.

Durch Simulationen sowie praktische Erprobung konnte gezeigt werden, daß das beschriebene Konzept zur Steuerung autonomer mobiler Roboter im Rahmen einer Versuchsumgebung bereits sehr gut einsetzbar ist. Das Ziel, eine flexible, leicht anpaßbare Steuerungsstruktur zu konzipieren, wurde erreicht. Dies wurde insbesondere bei der problemlosen Anpassung der für mobile Roboter geschriebenen Führungsrechner-Software an die fahrerlosen Transportsysteme deutlich.

Für den Einsatz in einer komplexen Fabrikumgebung sind jedoch noch Erweiterungen nötig. Zunächst muß der Umfang sensorischer Komponenten erweitert werden, damit dem regelbasierten System mehr Informationen, insbesondere zur Störungsbehandlung, zur Verfügung stehen. Außerdem können die schlußfolgernden Fähigkeiten des regelbasierten Systems, die nicht den Schwerpunkt dieser Arbeit bildeten, erweitert werden. Vereinfachungen bei der Steuerung der Aufgabenausführung und Störungsbehandlung können so schrittweise rückgängig gemacht werden, wenn nichtmonotones sowie temporales Schlußfolgern integriert wird. Dadurch wird der Bereich erkennbarer und behebbarer Störungen und damit der Autonomiegrad autonomer mobiler Roboter noch erweitert.

Aber auch ohne die obengenannten Erweiterungen kann schon jetzt festgestellt werden, daß der Einsatz autonomer mobiler Roboter in zukünftigen Produktionsanlagen eine effektive Möglichkeit darstellt, um automatisch und flexibel Handhabungsaufgaben durchführen zu lassen. Das bietet eine Chance, den Menschen von monotonen und gefährlichen Arbeiten zu entlasten sowie die Durchführung mannarmer Schichten zu ermöglichen.

Autonome mobile Roboter können aber nur dann erfolgversprechend eingesetzt werden, wenn auch die bestehenden Produktionsstrukturen gleichzeitig überdacht und an die neue Denkweise von selbständig handelnden Produktionseinheiten angepaßt werden. Dadurch bietet die Einführung autonomer mobiler Roboter auch die Chance, die gesamte Produktion durch ganz neue Denkanstöße effektiver zu gestalten. So kann beispielsweise die konsequente Umsetzung des Prinzips der Verantwortungsübernahme für übernommene Aufgaben bei allen Produktionseinheiten sowie beim Bedienpersonal helfen, den wachsenden Qualitätsanforderungen zu begegnen. Genauso kann die Anwendung der Methoden zur Aufgabenverteilung durch Verhandlungen beim Bedienpersonal die Motivation steigern und so auch ein Verantwortungsgefühl für Qualitätsbelange schaffen. Ferner bieten autonome Einheiten auch Anregung zur Strukturierung der Fertigung unter dem Gesichtspunkt der schnellen Rekonfigurierbarkeit, da sie sehr schnell dynamisch an neue Umgebungen angepaßt werden können.

10 Literaturverzeichnis

ABEL 1990

Abel, Dirk: Petri-Netze für Ingenieure. Berlin: Springer 1990

ALAMI U. A. 1995

Alami, R.; Robert, F.; Ingrand, F.; Suzuki, S.: Multi-robot Cooperation through Incremental Plan-Merging. In: Proc. of 1995 IEEE Int. Conf. on Robotics and Automation, Nagoya, Japan. Piscataway, NJ: IEEE 1995. S. 2573-2579.

ALBUS U. A. 1983

Albus, J. S.; McLean, C. R.; Barbera, A. J.; Fitzgerald M. L.: Hierarchical Control for Robots in an Automated Factory. In: Proc. of Int. Conf. on Industrial Robots 1983., S. 29-43.

ALBUS U. A. 1987

Albus, J. S.; McCain, H. G.; Lumia, R.: NASA/NBS Standard Reference Model for Telerobot Control System Architecture (NASREM). NBS Technical Note 1235, 1987.

ASAM U. A. 1994

Asama, H.; Ozaki, K.; Ishida, Y.; Yokota, K.; Matsumoto, A.; Kaetsu, H.; Endo, I.: Collaborative Team Organisation Using Communication in a Decentralized Robotic System. In: IROS '94 - IEEE/RS/GI Int. Conf. on Intelligent Robots and Systems, München. Piscataway, NJ: IEEE 1994. S. 816-823.

AZARM U. A. 1993

Azarm, K.; Bott, W.; Freyberger, F.; Glüer, D.; Horn, J.; Schmidt, G.: Autonomiebausteine des mobilen Roboters MACROBE. In: Schmidt, G. (Hrsg.): Autonome Mobile Systeme, 9. Fachgespräch, München. Technische Universität München, Lehrstuhl für Steuerungs- und Regelungstechnik 1993. S. 81-94.

AZARM & SCHMIDT 1995

Azarm, K.; Schmidt, G.: Decentralized Motion Planning for Multiple Mobile Robots. In: Rembold, U. (Hrsg.); Dillmann, R. (Hrsg.); Hertzberger, L.O. (Hrsg.); Kanade, T. (Hrsg): Proc. of the Int. Conf. on Intelligent Autonomous Systems (IAS4), Karlsruhe. Amsterdam: IOS Press, 1995. S. 302-309.

BADALONI U. A. 1995

Badaloni, S.; Berati, M.; Bison, P.; Pagello, E.: TEMPLAR: A Temporal Planner for Monitoring the Actions of an Autonomous Robot Used in Plant Experiments. In: Rembold, U. (Hrsg.); Dillmann, R. (Hrsg.); Hertzberger, L.O. (Hrsg.); Kanade, T. (Hrsg): Proc. of the Int. Conf. on Intelligent Autonomous Systems (IAS4), Karlsruhe. Amsterdam: IOS Press, 1995. S. 95-100.

BANDEMER & GOTTWALD 1992

Bandemer, H.; Gottwald, S.: Einführung in Fuzzy-Methoden. 3.Aufl. Berlin: Akademie 1992.

BECKER U. A. 1989

Becker, G.; Carls, H.; Kippe, J.: Die intelligente Schnittstelle als Verbindungsglied zwischen technischem Prozeß und Expertensystemkern. In: Kerndlmaier, M. (Hrsg.) u. a.: Technische Expertensysteme für Prozeßführung und Diagnose. München: Oldenburg 1989, S. 16-52.

BIRKEL 1995

Birkel, G.: Aufwandsminimierter Wissenserwerb für die Diagnose in flexiblen Produktionszellen. Berlin: Springer 1995. (iwb Forschungsbericht 84).

BOCIONEK 1993

Bocionek, S.: CAP II & RAP: Lernfähige und verhandelnde Agenten für die Büroautomatisierung. In: Müller, J. (Hrsg.): Verteilte Künstliche Intelligenz. Mannheim: BI 1993, S. 146-156.

BOOTH & MAYHEW 1989

Booth, C.J.M.; Mayhew, J.E.W.: Implementing a Behavioral Decomposition. Kanade, T. (Hrsg.); Groen, F. C. A. (Hrsg.); Hertzberger, L. O. (Hrsg.): Proc. of Intelligent Autonomous Systems 2. Amsterdam: IOS 1989, S. 958-964.

BORGES-SOUSA 1995

Borges Sousa, J.; Lobo Pereira, F.; Pereira da Silva, E.: A Dynamically Configurable Control Architecture for an Autonomous Underwater Vehicle. In: Rembold, U. (Hrsg.); Dillmann, R. (Hrsg.); Hertzberger, L.O. (Hrsg.); Kanade, T. (Hrsg): Proc. of the Int. Conf. on Intelligent Autonomous Systems (IAS4), Karlsruhe. Amsterdam: IOS Press, 1995. S. 659-664.

BROOKS 1986

> Brooks, R.A.: A Robust Programming Scheme For A Mobile Robot. In: Rembold, U. (Hrsg.); Hörmann, K. (Hrsg.): Languages for Sensor-Based Control in Robotics. Proc. of the NATO Advanced Research Workshop in Il Ciocco Castelvecchio Pascoli/Italien, 1986. Berlin: Springer 1987, S. 509-522.

BRUSSEL 1995

> Brussel, H. van.: "Navigation" Issues in Intelligent Autonomous Systems. In: Rembold, U. (Hrsg.); Dillmann, R. (Hrsg.); Hertzberger, L.O. (Hrsg.); Kanade, T. (Hrsg): Proc. of the Int. Conf. on Intelligent Autonomous Systems (IAS4), Karlsruhe. Amsterdam: IOS Press, 1995. S. 42-52.

BUCHANAN & SHORTLIFFE 1984

> Buchanan, B.; Shortliffe, E.: Rule-Based Expert Systems - the MYCIN Experiments. Addison-Wesley, 1984.

BURKHARD 1993

> Burkhard, H.-D.: Theoretische Grundlagen (in) der Verteilten Künstlichen Intelligenz. In: Müller, J. (Hrsg.): Verteilte Künstliche Intelligenz. Mannheim: BI 1993, S. 157-189.

BURKHARDT U. A. 1993

> Burkhardt, S.; Drey, K.-D.; Friedrich, V.; Fritsche, M.; Nowak, O.: Parallele Rechnersysteme - Programmierung und Anwendung. Berlin: Verlag Technik, 1993.

BURSCHKA U. A. 1995

> Burschka, D.; Eberst, Ch.; Hauck, A.; Stöffler, N. O.: Hierarchische Umgebungsmodellierung für Lokalisation, Exploration und Objektidentifikation. In: Dillmann, R. (Hrsg.); Rembold, U. (Hrsg.); Lüth, T. (Hrsg.): Autonome Mobile Systeme 1995 - 11. Fachgespräch, Karlsruhe. Berlin: Springer 1995. S. 132-141.

CAI U. A. 1995

> Cai, A.-H.; Fukuda, T.; Arai, F.; Ueyama, T.; Sakai, A.: Hierarchical Control Architecture for Cellular Robotic System - Simulations and Experiments. In: Proc. of 1995 IEEE Int. Conf. on Robotics and Automation, Nagoya, Japan. Piscataway, NJ: IEEE 1995. S. 1191-1196.

CASSINIS U. A. 1988

> Cassinis, R.; Biroli, E.; Meregalli, A.; Scalise, F.: BARCS: Introducing Behavioural Concepts in Advanced Robots. In: Rembold, U. (Hrsg.): Robot Control 1988 (Syroco '88). Selected Papers from the 2nd IFAC Symposium, Karlsruhe 1988. Pergamon Press 1988, S. 299-304.

CHANG & WOO 1992

Chang, M. K.; Woo, C. C.: SANP: A Communication Level Protocol for Negotiations. In: Werner, E. (Hrsg.); Demazeau, Y. (Hrsg.): Proc. of the 3rd MAAMAW (Modelling Autonomous Agents in a Multi Agent World), Kaiserlautern, 1991. Amsterdam: North-Holland 1992, S. 31-54.

CHENG & LÜTH 1994

Cheng, X.; Lüth, T.: Reaktive Planung und Planausführung in dem intelligenten Robotersystem KAMRO. Vorabdruck der Zeitschrift KI. FBO 1994.

DILGER & KASSEL 1993

Dilger, W.; Kassel, S.: Sich selbst organisierende Produktionsprozesse als Möglichkeit zur flexiblen Fertigungssteuerung. In: Müller, J. (Hrsg.): Verteilte Künstliche Intelligenz. Mannheim: BI 1993, S. 347-356.

DILLMANN 1988

Dillmann, R.: Machine Learning Strategies for Knowledge Acquisition in Autonomous Robot Systems. In: Rembold, U. (Hrsg.): Robot Control 1988 (Syroco '88). Selected Papers from the 2nd IFAC Symposium, Karlsruhe 1988. Pergamon Press 1988, S. 5-15.

DORN 1989

Dorn, J.: Wissensbasierte Echtzeitplanung. Braunschweig: Vieweg, 1989. (Reihe Künstliche Intelligenz)

DUNGERN 1991

Dungern, O. v.: Planungs- und Autonomiefunktionen zur Steuerung flexibler Montagezellen. Dissertation, TU-München, Fortschritt-Berichte, VDI Reihe 8, Nr. 235. Düsseldorf: VDI-Verlag 1991

EVANS & LEE 1994

Evans, E. Z.; Lee, C. S. G.: Automatic Generation of Error Recovery Knowledge Through Learned Reactivity. In: Proc. of 1994 IEEE Int. Conf. on Robotics and Automation, San Diego, California. Los Alamitos, California: IEEE Computer Society Press 1994, S. 2915-2920.

EVERSHEIM 1981

Eversheim, W.: Organisation in der Produktionstechnik, Band 4 - Fertigung und Montage. Düsseldorf: VDI-Verlag 1981.

FÄRBER 1994

Färber, G.: Prozeßrechentechnik - Grundlagen, Hardware, Echtzeitverhalten. 3. Aufl. Berlin: Springer, 1994.

FISCHER 1993

Fischer, K.: Verteiltes und kooperatives Planen in einer flexiblen Fertigungsumgebung. Dissertation, TU-München, Dissertationen zur künstlichen Intelligenz, 26. Sankt Augustin: Infix 1993

FISCHER U. A. 1994

Fischer, K.; Müller, J.P.; Pischel, M.: A Testbed for the Development of DAI Applications. In: Levi, P. (Hrsg.); Bräunl, Th. (Hrsg.): Autonome Mobile Systeme 1994 - 10. Fachgespräch, Stuttgart. Berlin: Springer 1994, S. 179-190.

FLIK & LIEBIG 1990

Flik, T.; Liebig, H.: Mikroprozessortechnik: Systemaufbau, Funktionsabläufe, Programmierung. 3. Aufl. Berlin: Springer, 1990.

FREYERMUTH 1993

Freyermuth, B.: Wissensbasierte Fehlerdiagnose am Beispiel eines Industrieroboters. Düsseldorf: VDI-Verlag 1993. (VDI Reihe 8 Nr. 315)

FRÖHLICH U. A. 1991

Fröhlich, C.; Freyberger, F.; Karl, G.; Schmidt, G.: Multisensor System for an Autonomous Robot Vehicle. In: Schmidt, G. (Hrsg.): Information Processing in Autonomous Mobile Robots. Proc. of the Int. Workshop 1991, München. Berlin: Springer 1991, S. 61-76.

FUJIMOTO & YASUDA 1995

Fujimoto, H.; Yasuda, K.: Applicatios of Genetic Algorithm and Simulation to Dispatching Rule-Based FMS Scheduling. In: Proc. of 1995 IEEE Int. Conf. on Robotics and Automation, Nagoya, Japan. Piscataway, NJ: IEEE 1995. S. 190-195.

GAUSEMEIER 1994

Gausemeier, J; Gehnen, G.; Gerdes, K.H.; Leschka, S.: Cell Control by Intelligent Objects - A New Dimension of Production Control Systems. In: IROS '94 - IEEE/RS/GI Int. Conf. on Intelligent Robots and Systems, München. Piscataway, NJ: IEEE 1994. S. 47-55.

GEVARTER 1987

Gevarter, W. B.: Intelligente Maschinen - Einführung in die künstliche Intelligenz und Robotik. Weinheim: VCH 1987.

GLAS 1993

Glas, J.: Standardisierter Aufbau anwendungsspezifischer Zellenrechnersoftware. Berlin: Springer 1993. (iwb Forschungsberichte 61).

GLASER 1991

> Glaser, H.: Verfahren zur Fertigungssteuerung in alternativen PPS-Systemen - Eine kritische Analyse. in: Scheer, A.-W.: Fertigungssteuerung - Expertenwissen für die Praxis. München: Oldenburg 1991. S. 21-37.

GROHA 1988

> Groha, A.: Universelles Zellenrechnerkonzept für flexible Fertigungssysteme. Berlin: Springer 1988. (iwb Forschungsberichte 14).

HABICH 1990

> Habich, M.: Handlungssynchronisation autonomer, dezentraler Dispositionszentren in flexiblen Fertigungssystemen. Dissertation, Ruhr-Universität Bochum 1990.

HAHNDEL & LEVI 1994A

> Hahndel, S.; Levi, P.: A distributed task planning method for autonomous agents in a FMS. In: IROS '94 - IEEE/RS/GI Int. Conf. on Intelligent Robots and Systems, München. Piscataway, NJ: IEEE 1994. S. 1285-1292.

HAHNDEL & LEVI 1994B

> Hahndel, S.; Levi, P.: Einfluß des Spielraums auf die Planungsqualität bei verteilten, kooperativen Planungsverfahren. In: Levi, P. (Hrsg.); Bräunl, Th. (Hrsg.): Autonome Mobile Systeme 1994 - 10. Fachgespräch, Stuttgart. Berlin: Springer 1994, S. 250-261.

HARTMANN & LEHNER 1990

> Hartmann, D.; Lehner, K.: Technische Expertensysteme. Berlin: Springer 1990.

HEIN 1991

> Hein, H.-W.: Agenda-Systeme. In: Rembold, U. (Hrsg.); Dillmann, R. (Hrsg.); Levi, P. (Hrsg.): Autonome Mobile Systeme, 7. Fachgespräch, Karlsruhe. Universität Karlsruhe, Institut für Prozeßrechentechnik und Robotik 1991, S. 72-81.

HERDEN U. A. 1992

> Herden, W.; Hein, H.; Voß, H.: Realisierung von Expertensystemen. München: Oldenburg 1992.

HERTZBERG 1989

> Hertzberg, J.: Planen - Einführung in die Planerstellungsmethoden der Künstlichen Intelligenz. Mannheim: BI-Wissenschaftsverlag, 1989. (Reihe Informatik 65)

HERTZBERGER U. A. 1995

Hertzberger, L. O.; Albada, G. D. van; Boer, G. A. den: Information Architecture Concepts for Autonomous Control. In: Rembold, U. (Hrsg.); Dillmann, R. (Hrsg.); Hertzberger, L.O. (Hrsg.); Kanade, T. (Hrsg): Proc. of the Int. Conf. on Intelligent Autonomous Systems (IAS4), Karlsruhe. Amsterdam: IOS Press, 1995. S. 190-197.

HÖRMANN 1991

Hörmann, A.: A Survey of Control Architectures for Advanced Autonomous Systems. In: Proc. of the Workshop on Mobile Robotics for Civil Works, ESPRIT II Exploratory Action 5610, Brüssel, Belgien 1991.

HÖRMANN U. A. 1989

Hörmann, A.; Meier, W.; Schloen, J.: A Control Architecture for an Advanced Fault-Tolerant Robot System. Knowledge-Based Task Planning for Autonomous Robot Systems. In: Kanade, T. (Hrsg.); Groen, F. C. A. (Hrsg.); Hertzberger, L. O. (Hrsg.): Proc. of Intelligent Autonomous Systems 2. Amsterdam: IOS 1989, S. 576-585.

HÖRMANN & REMBOLD 1991

Hörmann, A.; Rembold, U.: Development of an Advanced Robot for Autonomous Assembly. In: Proc. of the 1991 IEEE Int. Conf. on Robotics and Automation, Sacramento, California. IEEE 1991.

HUHN 1991

Huhn, A.: DIPLOMA - Ein System für verteilte Multiagentenplanung in einer Echtzeitumgebung. Dissertation, Fakultät für Informatik, Universität Karlsruhe 1991.

ISO TC 184/SC5/WG1, 1986

N.N.: The Ottawa Report on Reference Models for Manufacturing Standards, Version 1.1, ISO TC 184/SC5/WG1 Dokument N51 1986.

ISO 9506, TEIL 1-3, 1990

ISO/IEC 9506, Teil 1-3: Industrial automation systems - Manufacturing Specification - Part 1: Service definition, Part 2: Protocol specification, Part 3: Robot specific message system. Genf: ISO/IEC, 1990.

IWATA U. A. 1994

Iwata, K.; Onosato, M.; Koike, M.: Random Manufacturing System: a New Concept of Manufacturing Systems for Production to Order. In: CIRP Annals 1994 - Manufacturing Technology. Bern: Hallwag Publishers 1994, S. 379-383.

JANTZER 1990

Jantzer, M.: Bahnverhalten und Regelung fahrerloser Transportsysteme ohne Spurbindung. Dissertation, Universität Stuttgart. Berlin: Springer 1990 (ISW Forschung und Praxis Band 82).

JÖRG U. A. 1993

Jörg, K.-W.; Puttkammer, E. v.; Richstein, H.-J.: Heterogene Multisensorintegration zur geometrischen Weltmodellierung für einen autonomen mobilen Roboter. In: VDI/VDE-Gesellschaft Meß- und Automatisierungstechnik (Hrsg.): Intelligente Steuerung und Regelung von Robotern, Langen. Düsseldorf: VDI-Verlag 1993, S. 371-380. (VDI-Berichte 1094)

KATH 1994

Kath, H.: Horizontale Abstimmung dezentraler Leitstandssysteme. Dissertation Ruhr-Universität Bochum 1994

KIM & LEE 1995

Kim, G. H.; Lee, C. S. G.: Genetic Reinforcement Learning Approach to the Machine Scheduling Problem. In: Proc. of 1995 IEEE Int. Conf. on Robotics and Automation, Nagoya, Japan. Piscataway, NJ: IEEE 1995. S. 196- 201.

KLIPPEL 1988

Klippel, C.: Mobiler Roboter im Materialfluß eines flexiblen Fertigungssystems. Berlin: Springer 1991. (iwb Forschungsberichte 17).

KNIERIEMEN 1991

Knieriemen, T.: Autonome mobile Roboter: Sensordateninterpretation und Weltmodellierung zur Navigation in unbekannter Umgebung. Mannheim: BI-Wissenschaftsverlag, 1991.

KNIERIEMEN & PUTTKAMER 1991

Knieriemen, T.; Puttkamer, E.: Real-Time Control in an Autonomous Mobile Robot. In: Schmidt, G. (Hrsg.): Information Processing in Autonomous Mobile Robots. Proc. of the Int. Workshop 1991, München. Berlin: Springer 1991, S. 187-200.

KOCH 1996

Koch, M. R.: Autonome Fertigungszellen - Gestaltung, Steuerung und integrierte Störungsbehandlung. Berlin: Springer, 1996. (iwb Forschungsberichte, Vorabdruck)

KREUZIGER & HAUSER 1993

Kreuziger, J.; Hauser, M.: The Application of Symbolic Learning Techniques in a Robot Manipulation System. In: Proc. of Workshop on Learning Robotes, European Conference on Machine Learning, Wien 1993.

KUGELMANN U. A. 1993

Kugelmann, D.; Milberg, J.; Pischeltsrieder, K.; Welling, A.: Autonome Handhabungsplanung mittels 3D-Bewegungssimulation und visueller Sensorik. In: Schmidt, G. (Hrsg.): Autonome Mobile Systeme, 9. Fachgespräch, München. Technische Universität München, Lehrstuhl für Steuerungs- und Regelungstechnik 1993. S. 155-168.

KUGELMANN & REINHART 1994

Kugelmann, D.; Reinhart, G.: Automatische Online-Generierung von Handhabungsprogrammen mit der 3D-Simulation. In: Levi, P. (Hrsg.); Bräunl, Th. (Hrsg.): Autonome Mobile Systeme 1994 - 10. Fachgespräch, Stuttgart. Berlin: Springer 1994, S. 349-360.

LANSER U. A. 1995

Lanser, S.; Munkelt, O.; Zierl, C.: Robust Video-Based Object Recognition Using CAD Models. In: Rembold, U. (Hrsg.); Dillmann, R. (Hrsg.); Hertzberger, L.O. (Hrsg.); Kanade, T. (Hrsg): Proc. of the Int. Conf. on Intelligent Autonomous Systems (IAS4), Karlsruhe. Amsterdam: IOS Press, 1995. S. 529-536.

LEFEBVRE & SARIDIS 1992

Lefebvre, D.R.; Saridis, G.N.: A Computer Architecture for Intelligent Machines. In: Proc. of the 1992 IEEE Int. Conf. on Robotics and Automation, Nice, France. IEEE 1992, S. 2745-2750.

LEHMANN 1992

Lehmann, F.: Störungsmanagement in der Einzel- und Kleinserienmontage. Dissertation RWTH Aachen, Aachen: Shaker 1992.

LEVI 1987

Levi, P.: Wissensbasierte Planungskonzepte und Organisationsschemata für autonome Roboter. In: Symposium „Informationsverarbeitung in autonomen, mobilen Handhabungssystemen" SFB 331. TU-München 1987, S. 72-81.

LEVI U. A. 1995

Levi, P.; Muscholl, M.; Bräunl, T.: Cooperative Mobile Robots Stuttgart: Architecture and Tasks. In: Rembold, U. (Hrsg.); Dillmann, R. (Hrsg.); Hertzberger, L.O. (Hrsg.); Kanade, T. (Hrsg): Proc. of the Int. Conf. on Intelligent Autonomous Systems (IAS4), Karlsruhe. Amsterdam: IOS Press, 1995. S. 310-317.

LEVI & HAHNDEL 1993

Levi, P., Hahndel, S.: Kooperative Systeme in der Fertigung. In: Müller, J. (Hrsg.): Verteilte Künstliche Intelligenz. Mannheim: BI 1993, S. 322-346.

LEVI & HAHNDEL 1995

Levi, P.; Hahndel, S.: Modelling Distributed Manufacturing Systems. In: Rembold, U. (Hrsg.); Dillmann, R. (Hrsg.); Hertzberger, L.O. (Hrsg.); Kanade, T. (Hrsg): Abstract Papers for the Tutorials during Intelligent Autonomous Systems (IAS4), Karlsruhe. Karlsruhe: Universität Karlsruhe, 1995. S. 25-32.

LISCANO U. A. 1992

Liscano, R.; Fayek, R.E.; Karam, G.M.: A Blackboard, Activity-Based Control Architecture for a Mobile Platform. In: Proc of the 1992 IEEE/RSJ Int. Conf. on Intelligent Robots and Systems, Raleigh, NC, Juli 1992. IEEE 1992, S. 333-338.

LÜTH & LÄNGLE 1994

Lüth, T.; Längle, T.: Task Description, Decomposition, and Allocation in a Distributed Autonomous Multi-Agent Robot System. In: IROS '94 - IEEE/RS/GI Int. Conf. on Intelligent Robots and Systems, München. Piscataway, NJ: IEEE 1994. S. 1516-1523.

MARTIAL 1993

Martial, F.v.: Planen in Multi-Agenten Systemen. In: Müller, J. (Hrsg.): Verteilte Künstliche Intelligenz. Mannheim: BI 1993, S. 92-121.

MALCOLM U. A. 1989

Malcolm, C.; Smithers, T.; Hallam, J.: An Emerging Paradigm in Robot Architecture. In: Kanade, T. (Hrsg.); Groen, F. C. A. (Hrsg.); Hertzberger, L. O. (Hrsg.): Proc. of Intelligent Autonomous Systems 2. Amsterdam: IOS 1989, S. 545-564.

MEIJER & HERTZBERGER 1991

Meijer, G.R.; Hertzberger, L.O.: Plan- und event-driven architectures in task level control. In: Rembold, U. (Hrsg.); Dillmann, R. (Hrsg.); Levi, P. (Hrsg.): Autonome Mobile Systeme, 7. Fachgespräch, Karlsruhe. Universität Karlsruhe, Institut für Prozeßrechentechnik und Robotik 1991, S. 227-242.

MIKSCH & SCHRÖDER 1993

Miksch, W.; Schröder, D.: Koordinierung der Fahrzeug- und Roboter-
armbewegung bei mobilen Robotersystemen. In: Schmidt, G. (Hrsg.):
Autonome Mobile Systeme, 9. Fachgespräch, München. Technische
Universität München, Lehrstuhl für Steuerungs- und Regelungstechnik
1993. S. 331-342.

MILBERG 1994

Milberg, J.: Unsere Stärken stärken - Der Weg zu Wettbewerbsfähigkeit und Standortsicherung. In: Milberg, J. (Hrsg.); Reinhart, G.
(Hrsg.): Unsere Stärken stärken - Der Weg zu Wettbewerbsfähigkeit
und Standortsicherung. Landsberg: moderne industrie 1994, S. 11-31.

NABER 1991

Naber, H.: Aufbau und Einsatz eines mobilen Roboters mit unabhängiger Lokomotions- und Manipulationskomponente. Berlin: Springer
1991. (iwb Forschungsberichte 36).

NASSAL U. A. 1993

Nassal, U.; Damm, M.; Lüth, T.: Mobile Manipulation - Kopplung
von mobiler Plattform und Manipulatoren für ein autonomes Robotersystem. In: Schmidt, G. (Hrsg.): Autonome Mobile Systeme, 9. Fachgespräch, München. Technische Universität München, Lehrstuhl für
Steuerungs- und Regelungstechnik 1993. S. 343-354.

NEDELJKOVIC-GROHA 1995

Nedeljkovic-Groha, V.: Systematische Planung anwendungsspezifischer Materialflußsteuerungen. Berlin: Springer 1995. (iwb Forschungsberichte 86)

NEHMZOW U. A. 1989

Nehmzow, U.; Hallam, J.; Smithers, T.: Really Useful Robots. In: Kanade, T. (Hrsg.); Groen, F. C. A. (Hrsg.); Hertzberger, L. O. (Hrsg.):
Proc. of Intelligent Autonomous Systems 2. Amsterdam: IOS 1989, S.
284-293.

NOREILS 1992

Noreils, F.R.: An Architecture for Cooperative and Autonomous Mobile Robots. In: Proc. of the 1992 IEEE Int. Conf. on Robotics and
Automation, Nice, France. IEEE 1992, S. 2703-2710.

OKINO 1993

Okino, N.: Bionic Manufacturing System. In: Peklenik, J.: CIRP - Flexible Manucfacturing Systems: past-present-future. Faculty of Mecha-
nical Engineering, Ljubljana 1993, S. 73-95.

PEDERSON 1989

Pedersen, K.: Expert System Programming. New York: Wiley 1989.

PETRI 1962

Petri, C.A.: Kommunikation mit Automaten. Dissertation, Institut für Instrumentelle Mathematik, Universität Bonn 1962

PIEPEL 1989

Piepel, U.: Mobile Roboter auf der Basis Automatischer Flurförderfahrzeuge: Systemtechnik, Anforderungskatalog, Wirtschaftlichkeit. Köln: Verlag TÜV Reinland 1990.

PISCHELTSRIEDER 1993A

Pischeltsrieder, K.: Pilotprojekt: Mobile Roboter - Frei und ungebunden. In: Industrieanzeiger 5 (1993). Leinfelden-Echterdingen: Konradin 1993, S. 62-63.

PISCHELTSRIEDER 1993B

Pischeltsrieder, K: *PetRIS* - Steuerung autonomer mobiler Roboter in einer Fertigungsumgebung. In: VDI/VDE-Gesellschaft Meß- und Automatisierungstechnik (Hrsg.): Intelligente Steuerung und Regelung von Robotern, Langen. Düsseldorf: VDI-Verlag 1993, S. 801-810. (VDI-Berichte 1094)

PISCHELTSRIEDER U. A. 1994

Pischeltsrieder, K.; Kugelmann, D.; Welling, A.: Autonome mobile Roboter - ein Blick in die Zukunft? In: Die neue Fabrik - Denkmodelle und Pilotanlagen. Landsberg: moderne industrie, 1994, S. 20-22.

PISCHELTSRIEDER & REINHART 1994

Pischeltsrieder, K.; Reinhart, G.: Aufgabentransformation und Aufgabenplanung für ein autonomes mobiles Handhabungssystem in einer Fertigungsumgebung. In: Levi, P. (Hrsg.); Bräunl, Th. (Hrsg.): Autonome Mobile Systeme 1994 - 10. Fachgespräch, Stuttgart. Berlin: Springer 1994. S. 155-167.

PISCHELTSRIEDER 1995

Pischeltsrieder, K.: Kooperierende Planung mehrerer autonomer Einheiten in der Produktion. In: Dillmann, R. (Hrsg.); Rembold, U. (Hrsg.); Lüth, T. (Hrsg.): Autonome Mobile Systeme 1995 - 11. Fachgespräch, Karlsruhe. Berlin: Springer 1995. S. 230-239.

PUPPE 1993

Puppe, F.: Systematic Introduction to Expert Systems: Knowledge Representations and Problem-Solving Methods. Berlin: Springer 1993.

REINHART & PISCHELTSRIEDER 1995

Reinhart, G.; Pischeltsrieder, K.: Flexible Electrically-Powered Transport Vehicles in Future Production Structures. In: Rembold, U. (Hrsg.); Dillmann, R. (Hrsg.); Hertzberger, L.O. (Hrsg.); Kanade, T. (Hrsg): Proc. of the Int. Conf. on Intelligent Autonomous Systems (IAS4), Karlsruhe. Amsterdam: IOS Press, 1995. S. 15-25.

REINHART & KOCH 1995

Reinhart, G.; Koch, M. R.: Autonome, kooperative Produktionssysteme. In: Wildemann, H. (Hrsg.): Schnell lernende Unternehmen - Quantensprünge in der Wettbewerbsfähigkeit. Münchner Management Kolloquium, München. München: TCW Transfer-Centrum, 1995. S. 529-545.

REINHART 1994

Reinhart, G.: Wettbewerbsfähige Produktion - Voraussetzung für eine strategische Entscheidung. In: Milberg, J. (Hrsg.); Reinhart, G. (Hrsg.): Unsere Stärken stärken - Der Weg zu Wettbewerbsfähigkeit und Standortsicherung. Landsberg: moderne industrie 1994, S. 187-211.

REMBOLD & DILLMANN 1989

Rembold, U.; Dillmann, R.: The Control System of the Autonomous Mobile Robot KAMRO of the University of Karlsruhe. In: Kanade, T. (Hrsg.); Groen, F. C. A. (Hrsg.); Hertzberger, L. O. (Hrsg.): Proc. of Intelligent Autonomous Systems 2. Amsterdam: IOS 1989, S. 565-574.

RICH 1983

Rich, E.: Artifical Intelligence. Singapore: McGraw-Hill 1983

ROHDE 1991

Rohde, V. F.: MRP II und Kanban als Bestandteile eines kombinierten PPS-Systemes. Fuchsstadt: René F. Wilfer 1991.

RUFFING 1991

Ruffing, T.: Die integrierte Auftragsabwicklung bei Fertigungsinseln - Grobplanung, Feinplanung, Überwachung. in: Scheer, A.-W.: Fertigungssteuerung - Expertenwissen für die Praxis. München: Oldenburg 1991. S. 65-86.

RUß & FÄRBER 1993

Ruß, A.; Färber, G.: Sensornahe Umgebungsmodellierung mit echt-
zeitfähigen Zugriffsfunktionen für den Einsatz in autonomen, mobilen
Robotern. In: VDI/VDE-Gesellschaft Meß- und Automatisierungstechnik (Hrsg.): Intelligente Steuerung und Regelung von Robotern,
Langen. Düsseldorf: VDI-Verlag 1993, S. 451-460. (VDI-Berichte
1094)

RUSSEL U. A. 1992

Russel, R.C.; Arkin, R.C.; Ram, A.: Learning Momentum: On-line
Performance Enhancement for Reactive Systems. In: Proc. of the 1992
IEEE International Conference on Robotics and Automation, Nice,
France, May 1992. IEEE 1992, S. 111-116.

SCHÖNECKER 1992

Schönecker, W.: Integrierte Diagnose in Produktionszellen. Dissertation, TU München. Berlin: Springer 1992. (iwb Forschungsberichte 45).

SERRADILLA & KUMPEL 1989

Serradilla, F.; Kumpel, D.: Robot Navigation in a Partially Known
Factory Avoiding Unexpected Obstacles. Kanade, T. (Hrsg.); Groen,
F. C. A. (Hrsg.); Hertzberger, L. O. (Hrsg.): Proc. of Intelligent Auto-
nomous Systems 2. Amsterdam: IOS 1989, S. 972-980.

SIMON 1994

Simon, D.: Fertigungsregelung durch zielgrößenorientierte Planung
und logistisches Störungsmanagment. Berlin: Springer 1994. (iwb Forschungsberichte, Vorabdruck)

SMITH 1988

Smith, R. G.: The contract net protocol: High-level communication
and control in a distributed problem solver. In: Bond, A. H. (Hrsg.);
Gasser, L. (Hrsg.): Readings in Distributed Artifical Intelligence. San
Mateo, CA: Morgan Kaufmann Publishers, 1988 , S. 357-366

SPUR & TIMM 1992

Spur, G.; Timm, J.: Realisierung eines gesamtsystemorientierten
Steuerungskonzepts. In: Maschinennahe Steuerungstechnik in der Fertigung, Hrsg.: Pritschow, G., Spur, G., Weck, M. München: Hanser
1992

STEIGER-GARCAO & CAMARINHA-MATOS 1989

Steiger-Garcao, A.; Camarinha-Matos, L.M.: Knowledge-supported
autonomy for robotic systems in CIM. In: Kanade, T. (Hrsg.); Groen,
F. C. A. (Hrsg.); Hertzberger, L. O. (Hrsg.): Proc. of Intelligent Autonomous Systems 2. Amsterdam: IOS 1989, S. 792-802.

STETTER 1994

Stetter, R.: Rechnergestützte Simulationswerkzeuge zur Effizienzsteigerung des Industrieroboterseinsatzes. Berlin: Springer 1994. (iwb Forschungsberichte 62)

TIÈCHE U. A. 1995

Tièche, F.; Facchinetti, C.; Hügli, H.: A Behaviour-Based Architecture to Control an Autonomous Mobile Robot. In: Rembold, U. (Hrsg.); Dillmann, R. (Hrsg.); Hertzberger, L.O. (Hrsg.); Kanade, T. (Hrsg): Proc. of the Int. Conf. on Intelligent Autonomous Systems (IAS4), Karlsruhe. Amsterdam: IOS Press, 1995. S. 652-658.

TÖNSHOFF U. A. 1995

Tönshoff, H. K.; Aurich, J. C.; Winkler, M. S.: On the Way To Autonomous And Cooperative Manufacturing Systems. In: The First World Congress on Intelligent Manufacturing - Processes & Systems, Mayaguez (Puerto Rico). Manuskript 1995.

TSUKADE & SHIN 1994

Tsukade, T.; Shin, K. G.: Polite Rescheduling: Responding to Local Schedule Disruptions in Distributed Manufacturing Systems. In: Proc. of 1994 IEEE Int. Conf. on Robotics and Automation, San Diego, California. Los Alamitos, California: IEEE Computer Society Press 1994, S. 1996-1991.

TZAFESTAS 1994

Tzafestas, E.S.: Implementing Reactive Algorithms on a Cellular Control Architecture. In: Levi, P. (Hrsg.); Bräunl, Th. (Hrsg.): Autonome Mobile Systeme 1994 - 10. Fachgespräch, Stuttgart. Berlin: Springer 1994, S. 191-201.

VDI-CIM 1990

VDI-Gemeinschaftsausschuß CIM (Hrsg.); VDI-Gesellschaft Entwicklung, Kontruktion, Vertrieb (Hrsg.): CIM-Management. Düsseldorf: VDI-Verlag 1990. (Rechnerintegrierte Konstruktion und Produktion, Band 1).

WALLNER & DILLMANN 1994

Wallner, F.; Dillmann, R.: Situationsabhängige Einsatzplanung kooperierender aktiver Sensoren auf einem mobilen Robotersystem. In: Levi, P. (Hrsg.); Bräunl, Th. (Hrsg.): Autonome Mobile Systeme 1994 - 10. Fachgespräch, Stuttgart. Berlin: Springer 1994. S. 238-249.

WATANABE U. A. 1992
> Watanabe, M.; Onoguchi, K.; Kweon, I.; Kuno, Y.: Architecture of Behavior-based Mobile Robot in Dynamic Environment. In: Proc. of the 1992 IEEE Int. Conf. on Robotics and Automation, Nice, France. IEEE 1992, S. 2711-2718.

WERSHOFEN & GRAEFE 1993
> Wershofen, K. P.; Graefe, V.: Ein verhaltensbasierter Ansatz zur Steuerung sehender mobiler Roboter. In: VDI/VDE-Gesellschaft Meß- und Automatisierungstechnik (Hrsg.): Intelligente Steuerung und Regelung von Robotern, Langen. Düsseldorf: VDI-Verlag 1993, S. 441-450. (VDI-Berichte 1094)

WIENDAHL & GARLICHS 1994
> Wiendahl, H.-P.; Garlichs, R.: Decentral Production Scheduling of Assembly Systems with Genetic Algorithm. In: CIRP Annals 1994 - Manufacturing Technology. Bern: Hallwag Publishers 1994, S. 389-395.

WILDEMANN 1984
> Wildemann, H.: Flexible Werkstattsteuerung durch Integration von KANBAN-Prinzipien. CW-Publikationen, München 1984.

WILDEMANN 1994
> Wildemann, H.: Strukturen mit Zukunft - Fabrikszenario nach dem Jahr 2000. In: Maschinenmarkt 10 (1994). Würzburg: Vogel 1994. S. 439-446.

WINSTON 1987
> Winston, P. H.: Künstliche Intelligenz. Bonn: Addison-Wesley 1987.

ZIMMERMANN 1992
> Zimmermann, H.-J.: Operations Research - Methoden und Modelle. Braunschweig: Vieweg 1992.

11 Stichwortverzeichnis

iwb Forschungsberichte

Berichte aus dem Institut für Werkzeugmaschinen und Betriebswissenschaften der Technischen Universität München

Herausgeber: Prof. Dr.-Ing. J. Milberg und Prof. Dr.-Ing. G. Reinhart

---

1 Streifinger, E.
Beitrag zur Sicherung der Zuverlässigkeit und Verfügbarkeit
moderner Fertigungsmittel
1986. 72 Abb. 167 Seiten, ISBN 3-540-16391-3   68,- DM

2 Fuchsberger, A.
Untersuchung der spanenden Bearbeitung von Knochen
1986. 90 Abb. 175 Seiten, ISBN 3-540-16392-1   68,- DM

3 Maier, C.
Montageautomatisierung am Beispiel des Schraubens mit
Industrierobotern
1986. 77 Abb. 144 Seiten, ISBN 3-540-16393-X   68,- DM

4 Summer, H.
Modell zur Berechnung verzweigter Antriebsstrukturen
1986. 74 Abb. 197 Seiten, ISBN 3-540-16394-8   68,- DM

5 Simon, W.
Elektrische Vorschubantriebe an NC-Systemen
1986. 141 Abb. 198 Seiten, ISBN 3-540-16693-9   68,- DM

6 Büchs, S.
Analytische Untersuchungen zur Technologie der Kugelbearbeitung
1986. 74 Abb. 173 Seiten, ISBN 3-540-16694-7   68,- DM

7 Hunzinger, I.
Schneiderodierte Oberflächen
1986. 79 Abb. 162 Seiten, ISBN 3-540-16695-5   68,- DM

8 Pilland, U.
Echtzeit-Kollisionsschutz an NC-Drehmaschinen
1986. 54 Abb. 127 Seiten, ISBN 3-540-17274-2   68,- DM

9 Barthelmeß, P.
Montagegerechtes Konstruieren durch die Integration
von Produkt- und Montageprozeßgestaltung
1987. 70 Abb. 144 Seiten, ISBN 3-540-18120-2   68,- DM

10 Reithofer, N.
Nutzungssicherung von flexibel automatisierten Produktionsanlagen
1987. 84 Abb. 176 Seiten, ISBN 3-540-18440-6   68,- DM

11 Diess, H.
Rechnerunterstützte Entwicklung flexibel automatisierter
Montageprozesse
1988. 56 Abb. 144 Seiten, ISBN 3-540-18799-5   73,- DM

12 Reinhart, G.
Flexible Automatisierung der Konstruktion
und Fertigung eiektrischer Leitungssätze
1988, 112 Abb. 197 Seiten, ISBN 3-540-19003-1   73,- DM

13 Bürstner, H.
Investitionsentscheidung in der rechnerintegrierten Produktion
1988, 77Abb. 190 Seiten, ISBN 3-540-19099-6   73,- DM

14 Groha, A.
Universelles Zellenrechnerkonzept für flexible Fertigungssysteme
1988, 74 Abb. 153 Seiten, ISBN 3-540-19182-8   73,- DM

15 Riese, K.
Klipsmontage mit Industrierobotern
1988, 92 Abb. 150 Seiten, ISBN 3-540-19183-6   73,- DM

16 Lutz, P.
Leitsysteme für rechnerintegrierte Auftragsabwicklung
1988, 44 Abb. 144 Seiten, ISBN 3-540-19260-3   73,- DM

17 Klippel, C.
Mobiler Roboter im Materialfluß eines flexiblen Fertigungssystems
1988, 86 Abb. 164 Seiten, ISBN 3-540-50468-0   73,- DM

18 Rascher, R.
Experimentelle Untersuchungen zur Technologie der Kugelherstellung
1989, 110 Abb. 200 Seiten, ISBN 3-540-51301-9   73,- DM

19 Heusler, H.-J.
Rechnerunterstützte Planung flexibler Montagesysteme
1989, 43 Abb. 154 Seiten, ISBN 3-540-51723-5   73,- DM

20 Kirchknopf, P.
Ermittlung modaler Parameter aus Übertragungsfrequenzgängen
1989, 57 Abb. 157 Seiten, ISBN 3-540-51724   73,- DM

21 Sauerer, Ch.
Beitrag für ein Zerspanprozeßmodell Metallbandsägen
1990, 89 Abb. 166 Seiten, ISBN 3-540-51868-1   78,- DM

22 Karstedt, K.
Positionsbestimmung von Objekten in der Montage-
und Fertigungsautomatisierung
1990, 92 Abb. 157 Seiten, ISBN 3-540-51879-7   78,- DM

23 Peiker, St.
Entwicklung eines integrierten NC-Planungssystems
1990, 66 Abb. 180 Seiten, ISBN 3-540-51880-0   78,- DM

24 Schugmann, R.
Nachgiebige Werkzeugaufhängungen für die automatische Montage
1990. 71 Abb. 155 Seiren, ISBN 3-540-52138-0   78,- DM

25 Wrba, P
Simulation als Werkzeug in der Handhabungstechnik
1990, 125 Abb., 178 Seiten, ISBN 3-540-52231-X   78,- DM

26 Eibelshäuser, P.
Rechnerunterstützte experimentelle Modalanalyse
mitells gestufter Sinusanregung
1990, 79 Abb., 156 Seiten, ISBN 3-540-52451-7   78,- DM

27 Prasch, J.
Computerunterstützte Planung von chirurgischen Eingriffen
in der Orthopädie
1990, 113 Abb., 164 Seiten, ISBN 3-540-52543-2   78,- DM

28 Teich, K.
Prozeßkommunikation und Rechnerverbund in der Produktion
1990, 52 Abb., 158 Seiten, ISBN 3-540-52764-8   78,- DM

29 Pfrang, W.
Rechnergestützte und graphische Planung manueller
und teilautomatisierter Arbeitsplätze
1990, 59 Abb., 153 Seiten, ISBN 3-540-52829-6   78,- DM

30 Tauber, A.
Modellbildung kinematischer Stukturen
als Komponente der Montageplanung
1990, 93 Abb., 190 Seiten, ISBN 3-540-52911-X   78,- DM

31 Jäger, A.
Systematische Planung komplexer Produktionssysteme
1991, 75 Abb., 148 Seiten, ISBN 3-540-53021-5   78,- DM

32 Hartberger, H.
Wissensbasierte Simulation komplexer Produktionssysteme
1991, 58 Abb., 154 Seiten, ISBN 3-540-53326-5   78,- DM

33 Tuczek H.
Inspektion von Karosseriepreßteilen auf Risse und Einschnürungen
mittels Methoden der Bildverarbeitung
1992, 125 Abb., 179 Seiten, ISBN 3-540-53965-4   88,- DM

34 Fischbacher, J.
Planungsstrategien zur strömungstechnischen Optimierung
von Reinraum–Fertigungsgeräten
1991, 60 Abb., 166 Seiten, ISBN 3-540-54027-X   78,- DM

35 Moser, O.
3D–Echtzeitkollisionsschutz für Drehmaschinen
1991, 66 Abb., 177 Seiten, ISBN 3-540-54076-8   78,- DM

36 Naber, H.
Aufbau und Einsatz eines mobilen Roboters mit
unabhängiger Lokomotions- und Manipulationskomponente
1991, 85 Abb., 139 Seiten, ISBN 3-540-54216-7   78,- DM

37 Kupec, Th.
Wissensbasiertes Leitsystem zur Steuerung flexibler Fertigungsanlagen
1991, 68 Abb., 150 Seiten, ISBN 3-540-54260-4   78,- DM

38 **Maulhardt, U.**
Dynamisches Verhalten von Kreissägen
1991, 109 Abb., 159 Seiten, ISBN 3-540-54365-1   78,– DM

39 **Götz, R.**
Stukturierte Planung flexibel automatisierter Montagesysteme
für flächige Bauteile
1991, 86 Abb., 201 Seiten, ISBN 3-540-54401-1   78,– DM

40 **Koepfer, Th.**
3D- grafisch-interaktive Arbeitsplanung – ein Ansatz
zur Aufhebung der Arbeitsteilung
1991, 74 Abb., 126 Seiten, ISBN 3-540-54436-4   78,– DM

41 **Schmidt, M.**
Konzeption und Einsatzplanung flexibel automatisierter
Montagesysteme
1992, 108 Abb., 168 Seiten, ISBN 3-540-55025-9   88,– DM

42 **Burger, C.**
Produktionsregelung mit entscheidungsunterstützenden
Informationssystemen
1992, 94 Abb., 186 Seiten, ISBN 5-540- 55187-5   88,– DM

43 **Hoßmann, J.**
Methodik zur Planung der automatischen Montage von nicht
formstabilen Bauteilen
1992, 73 Abb., 168 Seiten, ISBN 3-540-5520-0   88,– DM

44 **Petry, M.**
Systematik zur Entwicklung eines modularen Programm-
baukastens für robotergeführte Klebeprozesse
1992, 106 Abb., 139 Seiten ISBN 3-540-55374-6   88,– DM

45 **Schönecker, W.**
Integrierte Diagnose in Produktionszellen
1992, 87 Abb., 159 Seiten, ISBN 3-540-55375-4   88,– DM

46 **Bick, W.**
Systematische Planung hybrider Montagesyste unter
Berücksichtigung der Ermittlung des optimalen Automatisierungsgrades
1992, 70 Abb., 156 Seiten ISBN 3-540-55377-0   88,– DM

47 **Gebauer, L.**
Prozeßuntersuchungen zur automatisierten Montage
von optischen Linsen
1992, 84 Abb., 150 Seiten, ISBN 3-540- 55378-9   88,– DM

48 **Schrüfer, N.**
Erstellung eines 3D–Simulationssystems zur Reduzierung
von Rüstzeiten bei der NC–Bearbeitung
1992, 103 Abb., 161 Seiten, ISBN 3-540-55431-9   88,– DM

49 **Wisbacher, J.**
Methoden zur rationellen Automatisierung der Montage
von Schnellbefestigungselementen
1992, 77 Abb., 176 Seiten, ISBN 3-540-55512-9   88,– DM

50 **Garnich. F.**
Laserbearbeitung mit Robotern
1992, 110 Abb., 184 Seiten, ISBN 3-540- 55513-7   88,– DM

51 **Eubert, P.**
Digitale Zustandsregelung elektrischer Vorschubantriebe
1992, 89 Abb., 159 Seiten, ISBN 3-540-44441-2   88,– DM

52 **Glaas, W.**
Rechnerintegrierte Kabelsatzfertigung
1992, 67 Abb., 140 Seiten, ISBN 3-540-55749-0   88,– DM

53 **Helml, H. J.**
Ein Verfahren zur on-line Fehlererkennung und Diagnose
1992, 60 Abb., 153 Seiten, ISBN 3-540-55750-4   88,– DM

54 **Lang, Ch.**
Wissensbasierte Unterstützung der Verfügbarkeitsplanung
1992, 75 Abb., 150 Seiten, ISBN 3-540-55751-2   88,– DM

55 **Schuster, G.**
Rechnergestütztes Planungssystem für die flexibel
automatisierte Montage
1992, 67 Abb., 135 Seiten, ISBN 3-540-55830-6   88,– DM

56 **Bomm, H.**
Ein Ziel- und Kennzahlensystem zum Investitionscontrolling
komplexer Produktionssysteme
1992, 87 Abb., 195 Seiten, ISBN 3-540-55964-7   88,– DM

57 **Wendt, A.**
Qualitätssicherung in flexibel automatisierten Montagesystemen
1992, 74 Abb., 179 Seiten, ISBN 3-540-56044-0   88,– DM

58 **Hansmaier, H.**
Rechnergestütztes Verfahren zur Geräuschminderung
1993, 67 Abb., 156 Seiten, ISBN 3-540-56043-2   88,– DM

59 **Dilling, U.**
Planung von Fertigungssystemen unterstützt
durch Wirtschaftlichkeitssimulation
1993, 72 Abb., 146 Seiten, ISBN 3-540-56307-5   88,– DM

60 **Strohmayr, R.**
Rechnergestützte Auswahl und Konfiguration
von Zubringeeinrichtungen
1993, 80 Abb., 152 Seiten, ISBN 3-540-56652-X   88,– DM

61 **Glas, J.**
Standardisierter Aufbau anwendungsspezifischer
Zellenrechnersoftware
1993, 80 Abb., 145 Seiten, ISBN 3-540-56890-5   88,– DM

62 **Stetter, R.**
Rechnergestützte Simulationswerkzeuge zur
Effizienzsteigerung des Industrierobotereinsatzes
1994, 91 Abb., 146 Seiten, ISBN 3-540-568891   88,– DM

63 **Dirndorfer, A.**
Robotersysteme zur förderbandsynchronen Montage
1993, 76 Abb, 144 Seiten, ISBN 3-540-57031-4   88,– DM

64 **Wiedemann, M.**
Simulation des Schwingungsverhaltens spanender Werkzeugmaschinen
1993, 81 Abb., 137 Seiten, ISBN 3-540-57177-9   88,– DM

65 **Woenckhaus, Ch.**
Rechnergestütztes System zur automatisierten 3D-Layoutoptimierung
1994, 81 Abb., 140 Seiten,ISBN 3540-57284-8   88,- DM

66 **Kummetsteiner, G.**
3D-Bewegungssimulation als integratives Hilfsmittel zur Planung
manueller Montagesysteme
1994, 62 Abb.; 146 Seiten, ISBN 3-540-57535-9   88,- DM

67 **Kugelmann, F.**
Einsatz nachgiebiger Elemente zur wirtschaftlichen Automatisierung
von Produktionssystemen
1993, 76 Abb., 144 Seiten, ISBN 3-540-57549-9   88,- DM

68 **Schwarz, H.**
Simulationsgestützte CAD/CAM-Kopplung für die 3D-Laserbearbeitung
mit integrierter Sensorik
1994, 96 Abb., 148 Seiten, ISBN 3-540-57577-4   88,- DM

69 **Viethen, U.**
Systematik zum Prüfen in Flexiblen Fertigungssytemen
1994, 70 Abb., 142 Seiten, ISBN 3-540-57794-7   88,- DM

70 **Seehuber, M.**
Automatische Inbetriebnahme geschwindigkeitsadaptiver Zustandsregler
1994, 72 Abb., 155 Seiten, ISBN 3-540-57896-X   88,- DM

71 **Amann, W.**
Eine Simulationsumgebung für Planung und Betrieb
von Produktionssystemen
1994, 71 Abb., 129 Seiten, ISBN 3-540-57924-9   88,- DM

73 **Welling, A.**
Effizienter Einsatz bildgebender Sensoren zur Flexibilisierung
automatisierter Handhabungsvorgänge
1994, 66 Abb., 139 Seiten, ISBN 3-540-580-0   88,- DM

74 **Zetlmayer, H,**
Verfahren zur simulationsgestützen Produktionsregelung
in der Einzel- und Kleinserienproduktion
1994, 62 Abb., 143 Seiten, ISBN 3-540-58134-0   88,- DM

75 **Lindl, M.**
Auftragsleittechnik für Konstruktion und Arbeitsplanung
1994, 66 Abb,. 147 Seiten, ISBN 3-540-58221-5   88,- DM

76 **Zipper, B.**
Das integrierte Betriebsmittelwesen – Baustein einer flexiblen Fertigung
1994, 64 Abb., 147 Seiten, ISBN 3-540-58222-3   88,- DM

77 **Raith, P.**
Programmierung und Simulation von Zellenabläufen
in der Arbeitsvorbereitung
1995, 51 Abb., 130 Seiten, ISBN 3-540-58223-1   88,- DM

78 **Engel, A.**
Strömungstechnische Optimierung von Produktionssystemen
durch Simulation
1994, 69 Abb., 160 Seiten, ISBN 3-540-58258-4   88,- DM

79 Zäh, M. F.
Dynamisches Prozeßmodell Kreissägen
1995, 95 Abb., 186 Seiten, ISBN 3-540-58624-5   88,– DM

80 Zwanzer, N.
Technologisches Prozeßmodell für die Kugelschleifbearbeitung
1995, 65 Abb., 150 Seiten, ISBN 3-540-58634-2   88,– DM

81 Romanow, P.
Konstruktionsbegleitende Kalkulation von Werkzeugmaschinen
1995, 66 Abb., 151 Seiten, ISBN 3-540-58771-3   88,– DM

82 Kahlenberg, R.
Integrierte Qualitätssicherung in flexiblen Fertigungszellen
1995, 71 Abb., 136 Seiten, ISBN 3-540-58772-1   88,– DM

83 Huber, A.
Arbeitsfolgenplannung mehrstufiger Prozesse in der Hartbearbeitung
1995, 87 Abb., 152 Seiten, ISBN 3-540-58773-X   88,– DM

84 Birkel, G.
Aufwandsminimierter Wissenserwerb für die Diagnose
in flexiblen Produktionszellen
1995, 64 Abb., 137 Seiten, ISBN 3-540-58869-8   88,– DM

85 Simon, D.
Fertigungsregelung durch zielgrößenorientierte Planung und
logistisches Störungsmanagment
1995, 77 Abb., 132 Seiten, ISBN 3-540-58942-2   88,– DM

86 Nedeljkovic-Groha, V.
Systematische Planung anwendungsspezifischer Materialflußsteuerungen
1995, 94 Abb., 188 Seiten, ISBN 3-540-58953-8   88,– DM

87 Rockland, M.
Flexibilisierung der automatischen Teilebereitstellung in Montageanlagen
1995, 83 Abb., 151 Seiten, ISBN 3-540-58999-6   88,– DM

88 Linner, St.
Konzept einer integrierten Produktentwicklung
1995, 67 Abb., 168 Seiten, ISBN 3-540-59016-1   88,– DM

89 Eder, Th.
Integrierte Planung von Informationssystemen für rechnergestützte
Produktionssysteme
1995, 62 Abb., 150 Seiten, ISBN 3-540-59084-6   88,– DM

90 Deutschle, U.
Prozeßorientierte Organisation der Auftragsentwicklung in mittelständischen
Unternehmen
1995, 80 Abb., 188 Seiten, ISBN 3-540-59337-3   88,– DM

91 Dieterle, A.
Recyclingintegrierte Produktentwicklung
1995, 68 Abb., 146 Seiten, ISBN 3-540-60120-1   88,– DM

92 Hechl, Ch.
Personalorientierte Montageplanung für komplexe
und variantenreich Produkte
1995, 73 Abb., 158 Seiten, ISBN 3-540-60325-5   88,– DM

93 Albertz, F.
Dynamikgerechter Entwurf von Werkzeugmaschinen -
Gestellstukturen
1995, 83 Abb., 156 Seiten, ISBN 3-540-60606-8   88,- DM

94 Trunzer, W.
Strategien zur On-Line Bahnplanung bei Robotern
mit 3D-Konturfolgesensoren
1996, 101 Abb., 164 Seiten, ISBN 3-540-60961-X   88,- DM

95 Fichtmüller, N.
Rationalisierung durch flexible, hybride Montagesysteme
1996, 83 Abb., 145 Seiten, ISBN 3-540-60960-1   88,- DM

96 Trucks, V.
Rechnergestütze Beurteilung von Getriebestrukturen
in Werkzeugmaschinen
1996, 64 Abb., 141 Seiten, ISBN 3-540-60599-8   88,- DM

97 Schäffer, G.
Systematische Integration adaptiver Produktionssysteme
1996, 71 Abb., 170 Seiten, ISBN 3-540-60958-X   88,- DM

98 Koch, M. R.
Autonome Fertigungszellen - Gestaltung, Steuerung und
integrierte Störungsbehandlung
1996, 67 Abb., 138 Seiten, ISBN 3-540-61104-5   88,- DM

99 Moctezuma de la Barrera, J. L.
Ein durchgängiges System zur computer- und roboterunterstützten Chirurgie
1996, 99 Abb., 175 Seiten, ISBN 3-540-61145-2   88,- DM

100 Geuer, A.
Einsatzpotential des Rapid Prototyping in der Produktentwicklung
1996, 84 Abb., 154 Seiten, ISBN 3-540-61495-8   88,- DM

101 Ebner, C.
Ganzheitliches Verfügbarkeits- und Qualitätsmanagment unter
Verwendung von Felddaten
1996, 67 Abb., 132 Seiten, ISBN 3-540-61678-0   88,- DM

102 Pischeltsrieder,K.
Steuerung autonomer mobiler Roboter in der Produktion
1996, 74 Abb.; 171 Seiten, ISBN 3-540-61714-0   88,- DM

Die Bände sind im Erscheinungsjahr und in den folgenden drei Kalenderjahren
zu beziehen durch den örtlichen Buchhandel
oder durch Lange & Springer, Otto-Suhr-Allee 26-28, 10585 Berlin